U0250814

重建西西里贝利切河谷

张映乐　胡丽瑶　著

同济大学出版社·上海

图书在版编目（C I P）数据

重建西西里贝利切河谷 / 张映乐，胡丽瑶著 . -- 上
海 : 同济大学出版社，2022.9
（海外游·建筑学人笔记）
ISBN 978-7-5765-0336-4

Ⅰ.①重… Ⅱ.①张… ②胡… Ⅲ.①乡镇－建筑设
计－研究－意大利 Ⅳ.① TU24

中国版本图书馆 CIP 数据核字 (2022) 第 150455 号

重建西西里贝利切河谷

张映乐 胡丽瑶 著

责 任 编 辑　　武　蔚
责 任 校 对　　徐春莲
内 文 设 计　　曾　增
封 面 设 计　　完　颖
出 版 发 行　　同济大学出版社 http://www.tongjipress.com.cn
　　　　　　　（地址：上海市四平路 1239 号　邮编：200092　电话：021-65985622）
经　　　销　　全国各地新华书店，建筑书店，网络书店
印　　　刷　　上海安枫印务有限公司
开　　　本　　889mm×1194mm　1/32
印　　　张　　7
字　　　数　　188 000
版　　　次　　2022 年 9 月第 1 版
印　　　次　　2022 年 9 月第 1 次印刷
书　　　号　　ISBN 978-7-5765-0336-4
定　　　价　　78.00 元

总序 · 建筑旅行的意义

在当代旅游产业将旅行演变成为一种流行商品被大众广泛消费之前，以及之外，旅行，作为一种学习方式和人的一种成长方式，从古至今，都在不断产生着各具特色、引人思考的案例。

对于此类作为学习与成长的旅行，我认为大致可划分为两个层面：一个是所谓的"理论与实践相结合"，即"读万卷书，行万里路"，强调通过人的身体在万里路上对人、事、景展开直接一手的体验，将万卷书中所蕴含的间接二手知识进行印证与修订；另一个是所谓的"实践出真知"，即采用类似"壮游"（Grand Tour）这一起源于文艺复兴、盛行于 18 世纪英国的旅行方式，青年人在导师或自我引导下，将旅行转化成为全方位、沉浸式的学习与成长体验，发展到今天，业已成为一部分年轻人的成人仪式——踏入职场前进行的"间隔年"（Gap Year）旅行。

由于建筑物理实体空间所独具的实地体验需求，"纸上得来终觉浅"这句话，可说是形象地揭示出实地旅行对建筑学学习与研究的充分必要性。现代建筑教育的前身，19 世纪巴黎美术学院（Beaux-Arts）就设有罗马大奖（Prix de Rome），赞助获奖学子在意大利亲历真迹，边游边学。法籍瑞裔建筑大师柯布西耶（Le Corbusier）在 24 岁探寻未来方向之时，用了 5 个多月的时间，游历波希米亚、塞尔维亚、罗马尼亚、保加利亚、土耳其和希腊，进行了一次他视野中的"东方之旅"，奠定了延续其一生的某些建筑观念。美国建筑大师路易斯·康（Louis. I. Kahn）于 49 岁壮年之际，在意大利、希腊、埃及具有纪念性的古建筑"废墟"（Ruins）中，得到醍醐灌顶般的领悟，引发"中年变法"，重塑其已日臻成熟的建筑认知。美国理论家彼得·埃森曼（Peter Eisenman）攻读博士期间，在英国理论家、教育家柯林·罗（Colin Rowe）的带领下，遍览荷兰、德国、瑞士、意大利等国的著名历史建筑，找到了建构自我理论的关键参照点……这些西方建筑师与理论家，沿着建筑文化的脉络一路行来，都曾在"理论与实践相结合"与"实践出真知"两个层面上，追根溯源，寻找新机。

然而，在国内建筑学界，追溯中国自身建筑文化脉络的旅行，长期以来大多困囿在"理论与实践相结合"的印证层面，"实践出真知"层面的建筑旅行，则主要仰赖于一个关键词——"海外"。之所以如此，是因为中国现代建筑学学科的起源、建制、发展，与西方有着密不可分的血脉关联。这也是近代以来，非西方国家向西方发达国家持续学习的一个基本姿态——想要创新，就要面向海外，就要追求国际化。20 世纪 70 年代引领非西方国家率先西化的日本年轻人，就曾热衷于坐欧亚列车转铁道符拉迪沃斯托克（海参崴，Vladivostok）穿越西伯利亚，再到巴黎，凭借身体向西方的移动，实现想象中的"国际化"。

"海外游·建筑学人笔记"这套丛书我还没有读完，但对这些作者，即在中国富强背景下，与前辈相比，能够更加放松、更加自由地穿梭于海内外学习、工作和生活的建筑青年们，多少还是有些了解的。我有理由相信，除了有与前辈相类似的"美术写生式"旅行，也一定还有更加丰富、深刻的旅行体验方式。应该会有作者，用到西方补课的视角，尽量完善、体系化地进行全方位的旅行；应该会有作者，从"自我"与"他者"对话的角度，结合国内业界特有的问题，有针对性、侧重性地去旅行；应该会有作者，结合自身成长，凭借"个体化"的视角，将城市、建筑作为人文环境进行浸润式的旅行；应该会有作者，试图突破历史终结语境下的中西二元视角，进入更加多元化的文化脉络中展开多维度的旅行。

　　所以，这套丛书一定会包含他者与主流、地域与国际化、仰视与平视、二元主体与多元主体、个体与群体等一系列丰富繁杂的议题交织。我同样有理由相信，在新时代，在新一代建筑学人的海外游中，面对上述纠缠着历史、现实、文化自信、文化贡献的众多议题，他们一定会更多平视，更加多维，更深反观，既不会自卑地以为"国外的月亮才是圆的"，也不会自大地偏执于"只有我们自己的才是最好的"。他们一定会有反思基础上的主体自觉，一定会有超越单向补课的创意新解，一定会有突破中西二元论的"多边并置"。然而，他们一定还来不及深究下面这个重要话题——面对网络时代里遭遇百年未遇疫情的当下，全球刚刚开始的开放流动重新在物理与虚拟两个层面陷入某种程度的"隔离"，我们该如何定义海外与海内？我们该铸造怎样的基于实体与虚拟交流的旅行、学习与成长？

　　文至结尾，想起一个颇可玩味的小故事。话说 20 世纪 90 年代末，一名美国著名建筑史论家造访上海，接待单位为其安排参观苏州园林。陪同的学者原以为这位见多识广、博览群书的国际大家应该早已知晓各类园林，此行只是礼节性地走上一走，哪知一进园子还没逛上两步，建筑史论家就急匆匆要出园。问其原因，答曰：因为过去几乎不知道中国园林，所以没有任何准备，现在急着要到园子外去买相机和胶卷，打算好好拍拍这个超出自己"固有视野"的"特殊空间类型"……

上海交通大学教授　范文兵

目录

导读

1968 年 1 月 14—15 日，意大利西西里岛爆发了强烈地震，矩震级超过 5.5 级。这场灾难造成超过 400 人丧生，近 10 万人流离失所。超过 28 万公顷的受灾区域集中在岛屿西侧的特拉帕尼省（Trapani），其中以南北向的贝利切河谷（Belice Valley）灾情最为严重，古老城镇遭受重创，有的甚至被完全摧毁。先后由国家和地方政府领导的修复或重建工作希望通过"现代化""标准化"和"艺术化"的建筑设计与城乡规划策略，将位置分散的受灾城镇连接成为经济与命运的共同体。

在半个多世纪后的今天，贝利切河谷的面貌已经被彻底改变，但决策者在建设伊始为灾民们描绘的美好愿景——将河谷城镇紧密串联为一条蓬勃发展的旅游带——远未实现。事实上，河谷重建工作到 20 世纪 90 年代中期已基本陷入停滞，大量设计与建设工程半途而废，而不切实际的建成项目对历史城镇带来的负面影响却日趋明显。多数地区甚至从未展现过建筑师与规划者描绘的繁华景象，建设资源和发展活力就已被经济衰退和人口流失的恶性循环消磨殆尽。随着时间的推移，已完成或未完成的建筑和公共艺术品由于缺乏使用和维护而逐渐破败，成为"现代废墟"——它们与因地震损毁的古老建筑并置而展现出颇具讽刺意味的统一性，成为贝利切河谷如今的特有景观。

不可复制的历史条件使贝里切河谷的复兴计划成为 20 世纪欧洲城镇与建筑发展中的孤例和重要研究对象，也是 20 世纪 60 年代后意大利在社会意识形态、设计思潮、经济政策等因素共同作用下发展出的城镇规划与建筑设计的珍贵样本。它的重要意义在于：一方面，踌躇满志的理想主义计划与无可奈何的颓败结局之间的戏剧性对比暴露出"现代设计"的弊端；另一方面，漫长的重建计划吸引了包括卢多维科·夸罗尼（Ludovico Quaroni）、佛朗哥·普里尼（Franco Purini）、弗朗切斯科·韦内齐亚（Francesco Venezia）、阿尔瓦罗·西扎（Álvaro Siza）、阿尔贝托·布里（Alberto Burri）、彼得罗·孔萨格拉（Pietro Consagra）在内的众多杰出建筑师和艺术家，他们在贝利切河谷完成的众多设计方案和实践项目都在回答同一个问题——应当创造怎样超越功能性的解决方案才能满足重振脆弱历史空间和复兴当地社群的迫切需要？

尽管贝利切河谷的衰落现状是多方因素所导致，但城镇与建筑项目的设计者依然负有不可推卸的责任——重建计划初期采用的现代城市模型与强调功能性的建筑方案对西西里传统的农业城镇而言既陌生又缺乏现实意义。相比在历史中形成的符合本地自然条件和生活传统的城镇形态，在数十年的激进重建工作之中产生出的功能主义城市布局、标准化住宅、庞大的纪念性建筑和先锋艺术作品对贝利切河谷时空的连续性以及居民的集体记忆都造成了严重破坏，碎片化空间与相互矛盾的空间叙事导致受灾城镇和当地居民蒙受了二次伤害。

是否该清除不再具有使用价值的临时棚户区和损毁的历史建筑？如何处理以吉贝利纳（Gibellina）为代表的废弃城镇遗址？如何让新建城镇成为迁入灾民的宜居家园？怎样修复萨莱米（Salemi）等重要城镇，并在老城与临近的新区之间建立合理过渡？如何重新发掘塞杰斯塔（Segeste）等地古迹遗产的价值？以上在重建工作之初就在讨论的问题直至今日仍未被完全解决。

贝利切河谷重建计划的整体性失败已是不争事实，令人失望的总体结局更使这部漫长城镇修复史中蕴藏的精彩片段和批判价值显得弥足珍贵。抛开决策者与设计者的失误，研读部分设计师留下的单体项目的图纸与文字，或者驻足于他们已建成的作品前，我们不得不赞叹他们对于形式、构造、类型、符号、社会参与、建造义务与责任等专业性和社会性问题所做的深刻探讨，以及将抽象思辨转化为空间语言的卓越能力。这些作品展现的理想化概念、激进的设计语言和务实的操作方法反映出设计者们对于复兴这片历史土地最深刻的探索、最真切的思考和最纯粹的愿望。

面对贝利切河谷在统一建设策略下发展出的多样、交错和矛盾的现实，一条循序深入的线索是阅读与思考的前提，尽管这意味着必须对河谷漫长历史中的纷繁信息做出取舍。本书从这篇导读开始，以后记结束，按照"领土—城镇—建筑"这条尺度逐渐缩小的线索组织全文结构：

第 1 章"感伤的土地"通过 3 个小节分别对西西里岛的历史、贝利切河谷 1968 年地震，以及灾后重建过程做了简要梳理。对西西里历史的回顾勾勒出多种文明在这里发生的交融和演化过程，它们是决定西西里城镇形态和建筑风格发展的关键性因素。贯穿西西里岛的贝利切河谷呈现了从海滨到内陆多变的地理景观，以及在此基础上发展出的城镇类型、经济结构和生活传统。这些自然和历史条件是检验河谷震后重建计划与社会连接的决定性因素。对于贝利切河谷在 1968 年灾难以降历史的回顾展示了一条城镇修复策略的发展路线，它体现为从初期国家部门追求标准化和现代化建设向由地方政府召集"八〇年工作营"[1]的"艺术化"设计方针的转变。通过这条空间不断缩小、时间不断向后的线索，本章旨在以历史视角明确贝利切河谷震后重建工程所处的社会背景和发展方向，它们既是制定这片土地复兴蓝图的基础，也是导致最终失望结局的重要原因。

第 2 章 "嬗变的城镇"以 2 节内容考察贝利切河谷中六座城镇的震后建设计划和成果。2.1 节"三座城镇的重建与修复"将位于河谷中部的吉贝利纳新老城区和萨莱米作为研究对象。这三座城镇的重建、改造和修复工作是贝利切河谷震后城区建设的典型案例，它们各自计划的制定和实施都涉及如何处理新老城区关系这一重大议题。这些策略与本地实际情况的不一致性是理解在这片土地上杰出的单体建筑作品往往难以在城镇尺度中发挥积极意义的基础。与此对照的是，3 个世纪前——17 世纪的规划理念和实践却成就了西西里岛东部诺托壁垒（Val di Noto）[2] 地区震后修复续写的城镇与建筑的辉煌，这与贝利切河谷重建计划所造成的关于连续性的悖论——对于一种缺乏秩序的"一致性"的强化——形成鲜明对比。作为"欧洲巴洛克艺术最后的高潮"，诺托壁垒的重建成果将为那些在贝利切河谷中从田间地头进入拔地而起的城镇，行走在规整的街道，漫步于空旷的广场，造访衰败的教堂或者博物馆的访客提供一份珍贵的历史参考。 2.2 节"三座城镇的水资源开发计划"展现了贝利切河谷城镇修复计划的另一种模式。位于河谷南北两端的马扎拉 - 德尔瓦洛（Mazara del vallo）和戈尔福海堡（Castellammare del Golfo），以及河谷内陆城镇卡拉塔菲米 (Clatafimi) 的萨西新区（Sasi）的建设计划目的并非简单修复受损区域，而是要实现某种与水资源密切相关的特定功能——更新港口或打造"温泉度假村"。这些定格在方案阶段的计划不仅展示出改造城镇特定区域内的空间结构、重新利用原有基础设施等设计构想，也映现了始终存在于河谷修复工作中的种种幻想。

第 3 章"多义的建筑"将视角从城镇建设转向单体建筑作品。本章前两节集中展示了佛朗哥璿里尼 - 劳拉·塞梅斯（Laura Thermes）和弗朗切斯科·韦内齐亚两组建筑师在贝利切河谷的设计实践，既包括集中在吉贝利纳新城与萨莱米的建成作品，也有针对古代遗址所做的游览路径的设计方案；余下部分涉及并讨论了重建工程中的另外几名建筑师的建筑作品。尽管本章选取的建成项目或未实现方案在类型、尺度、功能等方面各不相同，但它们都具有不同程度的实验性和理想化特质。这一方面得益于贝利切河谷在创造一种全新生活方式的宏大目标中所提供的

1　Laboratorio 80，这是由贝利切河谷地方政府在 1979 年发起的项目，汇集一批意大利国内外著名建筑师和艺术家以解决由前期震后重建工作引发的种种问题。

2　此处 Val 一词不像其他意大利地名意为"山谷"或"河谷"，而是阿拉伯人统治西西里时采用的一种类似于"省"的行政区划单位，中文译作"壁垒"。

非常规的设计环境，另一方面也反映了设计者对于如何平衡灾后重建的实际需求与修复遭受破坏的时空连续性之间关系所进行的探索。这些多义的建筑作品是塑造贝利切河谷震后时代特征的重要元素。对于它们的生成逻辑及背后价值的解读将不仅展现创作者的设计构思和批判思维，同时也呈现这些作品与所处环境和时代持续对话而产生的超越设计初衷的意义——这种"意料之外"并且依然在发展中的自主性价值不断丰富着贝利切河谷现实的复杂内涵。

作为第 2、第 3 章内容的总结，第 4 章讨论了贝利切河谷在经历短暂的"重建繁荣"后漫长的"退化"现象。这种自主的变化趋势反映为一种清晰的抵抗姿态，并逐渐发展为由自然和历史所谋划的对于人为错误的补偿。

本书主题在于回顾贝利切河谷 1968 年震灾后的重建历程，发掘其中城镇规划和建筑设计的价值与经验教训，以及这场漫长复兴工程对于当代的警示意义。因此，对于河谷丰富的历史事件、自然景观和古典遗迹等未做详述。由于贝利切河谷，乃至整个西西里历史遗存与现代建设在物质和精神层面的深刻关联，本书对内容涉及的重要地点、历史人物、城镇和建筑做了适当说明。同时，考虑到更广泛的读者群体，本书努力尝试在专业讨论、知识普及和信息索引之间寻找平衡。

贝利切河谷重建计划导致了普遍存在于建筑个体与城镇之间的模糊与矛盾的关系，这让人们在阅读这段历史和作品时容易陷入一种摇摆状态。基于这种现实，本书并非要呈现一部城镇灾后重建的编年史，其目的在于为有意研究或到访贝利切河谷的人们提供一份独特的"建筑学参考"：当绵延的时空连续体出现断裂时，建筑师应如何凭借职业能力在历史背景下寻找设计和思考的立场，兼顾实用与情感需求，承担重塑记忆和时空叙事的责任？这是跨越专业壁垒、超越时间的恒久话题。

如果能给读者朋友带来以上思考，本书目的便已达成。由于学识所限，书中如有欠妥之处，恳请不吝指正。书后附录整合了吉贝利纳老城和新城中重要建筑、雕塑以及公共设施的简要信息，以期为朋友们的实地踏勘提供更多便利。

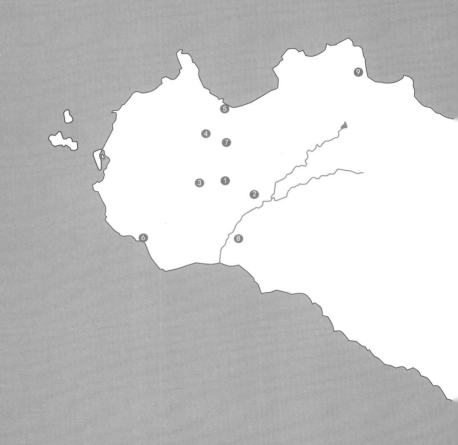

贝利切河谷重要城镇及其位置示意图

底图来源: https://www.tianditu.gov.cn/ 天地图 GS(2018)1432 号 甲测资字 1100471

第 1 章 感伤的土地

无论空间和时间的意义如何，场所与场合的意义更加重要。在人的意象中，空间成为场所，时间成为场合。[3]

—— 阿尔多·凡·艾克[4]

1.1 历史中的西西里

作为地中海最大的岛屿（约 25 700 平方公里），西西里岛从地中海海域各民族和国家文明的发展初期就扮演着重要角色，考古发现证明早在公元前 12 000 年就有人类在此生活。在古希腊神话中，伟大的建筑师代达罗斯（Daedalus）曾在克里特岛修筑迷宫困住牛头怪弥诺陶洛斯（Minotaur），之后，为躲避国王弥诺斯（Minos）的追杀逃难到西西里。在这里，代达罗斯创造了多项建造奇迹，并向当地人传授技艺，成为传说中西西里文明的奠基人。在荷马笔下，西西里岛是从特洛伊凯旋的奥德修斯（Odysseus）的命运转折点——因为愚弄了岛上的独眼巨人波吕斐摩斯（Polyphemus）而遭到海神报复，导致船队迷失航向，陷入危机四伏的艰险旅程。

公元前 8 世纪，西西里就成为迦太基与古希腊争夺地中海霸权的战略要地。这里曾爆发古代世界历史上历时最长的战争——持续 315 年的"西西里战争"（公元前 580—前 265）。3 个多世纪的纷争最终以古希腊与迦太基分治岛屿的东西两侧宣告结束。进入公元前 3 世纪，崛起的罗马共和国取代古希腊城邦成为迦太基在地中海的新对手。在接下来的 3 次"布匿战争"（分别发生于公元前 264—前 241，公元前 218—前 201，公元前 149—前 146）中，迦太基文明逐渐走向灭亡，罗马从此成为西地中海的统治者，西西里岛也由此发展成为罗马的"重要粮仓"，基督教渐次传入。

公元 395 年，罗马帝国分裂；公元 476 年，西罗马帝国灭亡，西西里岛归属东哥特王国。公元 535—555 年，企望罗马帝国大一统的查士丁尼一世发动"哥特战争"，西西里岛易主拜占庭帝国（东罗马帝国）。公元 827 年，阿拉

---

3 McCarter, Robert. Aldo Van Eyck. New Haven: Yale University Press, 2015.
4 Aldo Van Eyck（1918—1999），荷兰 20 世纪重要的建筑师之一。

伯人入侵并最终建立"西西里酋长国"，农业在此时得到迅猛发展，首府巴勒莫也跻身于欧洲顶级城市之列。如今的西西里语中依然留有阿拉伯语的痕迹。11世纪后半叶，诺曼人登岛驱逐了穆斯林势力；1130年，"西西里王国"建立，领土主要包括西西里岛和那不勒斯；然而，1282—1302年的"晚祷战争"又将王国分裂为西西里和那不勒斯两部分，直到1816年，两地才合并统一为"两西西里王国"。1860年，统治两西西里王国的波旁王朝被推翻，随着"意大利统一运动"（1815—1870）的深入，西西里岛终于成为意大利王国的一部分。

西西里著名政治家卢多维科·科劳（Ludovico Corrao，1927—2011）是贝利切河谷重建时期的吉贝利纳市长和"八〇年工作营"的主要召集者，他在与记者巴尔多·卡罗洛（Baldo Carollo）共著的《地中海之梦》(Il Sogno Mediterraneo) 一书中指出："西西里的发展脱离于任何原教旨主义，它成长于不同地中海文明之间的持续对话中。"[5] 诚然，数千年来的战争、贸易往来和政权交替使这座地中海岛屿融合了不同民族的文化与血脉。正如法国历史学家费尔南·布罗代尔（Fernand Braudel，1902—1985）在他的著作《地中海与菲利普二世时代的地中海世界》中所述，尽管西西里和撒丁岛因其巨大的面积甚至被称作"微型陆地"，但依然拥有与其他海岛类似的发展特点——它们"同地中海的总的历史比较起来，处在既落后又先进的地位，同时又常常迫使它们向革新和保守两极分化"[6]。从宏观角度来看，导致这种变异和不平衡状态的原因不难理解，因为地理空间的隔离所导致的限制是全方位的。信息传播滞后、相对单一的资源结构和土著文化使海岛在物质和思想上的发展与大陆难以保持一致，而封闭的环境更易催生保守主义。同时，相对自治的环境、易于控制的土地和人口又使政府便于采取直接行动应对问题。

西西里岛多元交融的文化在建筑中体现得尤其明显。今天仍矗立在锡拉库萨（Syracuse）、塞杰斯塔（Segesta）和阿格里真托（Agrigento）山脉中的神庙记录着希腊的古典荣光（图1，图2），而在历史中前赴后继的征服者留下的遗迹也一直为西西里人提供建造的灵感。16世纪的西西里建筑并不像意大

---

5 Baldo Carollo, Ludovico Corrao. Sogno Mediterraneo. Alcamo: Ernesto Di Lorenzo editore, 2017.

6 布罗代尔. 地中海与菲利普二世时代的地中海世界（第一卷）. 唐家龙，曾培耿，等，译. 北京：商务印书馆，2013.

17

图 1 阿格里真托的遗迹

图 2 阿格里真托的康考迪亚神庙（Tempio della Concordia, BC 440–430）

利本土建筑那样深受文艺复兴的影响。如今，在巴勒莫市中心圣卡特林娜教堂（La chiesa di Santa Caterina d'Alessandria）壮观的巴洛克圆顶之下，由托斯卡纳（Toscana）雕塑家弗朗切斯科·卡米利亚尼（Francesco Camilliani，1530—1586）设计的华丽的普雷托利亚广场（Piazza Pretoria）喷泉几乎是这座首府城市唯一的文艺复兴遗存[7]（图3，图4）。事实上，西西里建筑为人称道的特点之一是以诺曼式风格为基础，吸收经典希腊回纹饰、哥特尖拱和拜占庭建筑元素发展而来的一种独特的装饰语言。紧邻普雷托利亚喷泉的四首歌广场（Quattro Canti）体现了西西里建筑师偏离意大利本土风格的创作手法（图5，图6）。这个由朱利奥·拉索（Giulio Lasso，？—1617）设计、1620年完工的八角形广场连接两条城镇干道。街口4座对称建筑的巴洛克立面拥有相似的三段式构图以及代表四季和四位巴勒莫主保圣人的雕像，繁复的雕刻手法和夸张的装饰元素展现了早期的西西里巴洛克建筑风格。

1693年1月11日，西西里岛东部爆发了意大利有史以来最强烈的地震，震级高达7.4级，并引发海啸。这场灾难摧毁了70多座城镇，超过6万人遇难。随即展开的大范围灾区重建活动使西西里本土建筑风格得到迅速发展，而重要城镇和大型建筑的建设也给予贵族与神权阶层炫耀资本的良好时机。充足的资源和高标准的追求使西西里建筑师在接下来的半个世纪中迸发出源源不断的创新动力。在这个时期，西西里建筑表现出极大的"装饰自由"，在某种程度上显现出人们希望借此忘却灾难的心愿。与此同时，对破损建筑进行局部修复或添加的做法逐渐成为范式，其中具有代表性的室外装饰楼梯传播到意大利本土，被罗马巴洛克建筑所借鉴。

相较传统巴洛克建筑，西西里巴洛克风格更加华丽，富有戏剧性。繁复的装饰包括大量人面和天使形象，而凹凸多变的建筑表面和本地火山岩增强了立面的体量感与光影表达，让人联想到文艺复兴绘画中的"明暗对照技法"（chiaroscuro）。教堂正面山墙之上的钟塔有别于意大利其他地方另设独立钟塔的做法。以上设计手法在受灾严重的拉古萨（Ragusa）和卡塔尼亚（Catania）两地表现尤为突出（图7）。

7　这座广场曾在18世纪因喷泉中的裸体雕像而获名"羞耻广场"（Piazza della Vergogna）。

图 3 普雷托利亚广场喷泉

图 4 普雷托利亚广场喷泉雕像

图 5 四首歌广场西南角立面（春）

图 6 四首歌广场东南角立面（冬）

图 7 卡塔尼亚圣亚加大主教座堂（Cattedrale di Sant’Agata,Catania）

英国著名艺术史学家安东尼·布朗特（Anthony Blunt, 1907—1983）将西西里巴洛克建筑描述为："要么令人着迷，要么让人反感。但无论旁观者作何评价，这种风格是西西里繁荣的典型体现，是这座岛屿上巴洛克艺术中最重要和独有的创作之一。"[8] 布朗特的研究展示了西西里建造者将外来形式化为己用的卓越能力。西西里岛特殊的地理环境和历史进程在根本上孕育、强化并保持了本土的自然地景、建筑形式、城镇结构，以及居民社会活动与物理空间的对应性和连续性。这种自我发展和完善的关系成为检验西西里建筑与城镇合理性的标准，并提供了在当代语境下观察贝利切河谷重建工作的指导和重要参考。

1.2 贝利切河谷重建计划

位于西西里岛屿西南部的贝利切河谷并非行政区划，而是贝利切河流域及其延伸。它起于岛屿南端马扎拉 - 德尔瓦洛到塞利农特（Selinunte）之间的海岸线，沿东北方向进入内陆，止于岛屿西北边缘戈尔福海堡。曲折蜿蜒的河谷穿越阿格里真托、特拉帕尼和巴勒莫三省，全长约 110 公里，直线距离却不到 60 公里。丰富的考古发现证明人类自史前时期便在此活动。如今河谷沿途散落的众多古城和建筑遗迹不仅记录了西西里的悠久历史和璀璨文明，也展示了一部数千年来众多民族在山海之间的生存史。

贝利切河谷的丰富地貌导致了南北两端开阔的海港与遍布山丘的内陆之间的不平衡发展（图 8—图 10）。相较发达的海运贸易和捕鱼业，制造橄榄油是内陆城镇为数不多的经济产业。内陆古老城镇的落后状态直接影响了地震后救援工作的开展。

1968 年 1 月 14—15 日的地震震中位于河谷中部的萨莱米大区附近，共发生 345 次地震（其中 3 级及以上震级的有 81 次），对该区域及周边城镇造成巨大破坏。然而在灾难初期，信息传播的滞后导致灾情被严重低估，意大利政府部门也因此未给予足够重视，而地处偏远导致很多人甚至不知道这些出现在

8   Anthony Blunt. Sicilian Baroque . London: Weidenfeld & Nicolson, 1968.

图 8 西西里海峡与内陆山地景观　　　　　　　图 9 贝利切河谷内陆典型山地景观

图 10 巴勒莫通往贝利切河谷的铁路站点

电视和报纸上的受灾地区的具体位置。在当时灾情最严重的 14 座城镇中，有 4 座几乎被夷为平地，剩下的城镇受损程度大多超过 70%，更严重的是，当地青壮年大多外出打工，留守的老弱居民难以自救。河谷城镇的民居多使用本地凝灰岩建造，质地松软的石材在遭遇地震时极易坍塌；信息沟通困难使当时原本就协调不善的支援更加混乱；频繁的余震阻碍了援助力量进入灾区；震后的持续降雨使地势凹陷的河谷区域成为一片沼泽；散落的城镇间缺乏通畅便捷的道路连通……以上种种因素让震后的救援工作举步维艰。

经历最初的混乱后，由意大利社会住房研究所（Istituto per l'Edilizia Sociale，简称 ISES）牵头的官方救援机构制定了紧急安置方案。地震过后 1 个月，超过 9000 名无家可归者住进公共建筑，6000 人住在临时安置区，3200 人住在分散的帐篷中，5000 余人在火车车厢中度日，另有超过 1 万名灾民移居外地。最初的安置区仅是集中的帐篷营地，之后逐渐发展为配备基本设施的棚户区。然而，在解决了初期迫切的安置问题后，受灾城镇的重建和修复计划却姗姗来迟。在花费数年时间评估后，由技术团队和官员组成的独立机构将各城镇受灾等级分为三个级别，对应不同的建设策略：第一级别，抛弃损毁严重的老城，在他地另建新城；第二级别，保留损毁程度较轻的老城，在老城外建设新区；第三级别，紧邻老城区向外扩建。

工具化的等级评估反映了贝利切河谷重建计划从一开始就建立在一套标准制度之上，其目的是生产出一套有章可循、可以大范围推行并统一操作的技术化方法。这套方法显然忽视了居民与家园领地间的物质与情感关联——这是西西里在漫长历史中建立和保持社群传统与社会结构的关键。从最初灾民向远离新城的棚户区迁移开始，重建计划便以独特的工具主义与抽象性内涵将贝利切河谷人民裹挟进一场彻底的"现代化"转变洪流之中。地理与情感的双重隔离迫使贝利切河谷居民成为被孤立的群体，他们世代珍视和熟识的生活传统、城镇空间，以及建造方式都被抹除，取而代之的是一份庞大的"旅游胜地蓝图"——它承载着为这片落后地区带来新生的希望。

事实上，贝利切河谷各城镇的重建工作绝非如计划所设想的统一进行。主要原因有以下几点：① 各城镇受灾程度不同，因此地方政府投入力度和民众积极性差异大；② 散落的城镇地理分布和自治模式使重建工作难以整体协调；③

各方的利益纠葛使建设资源普遍缺乏合理分配和有效利用。以上因素导致的结果是河谷重建工作的实施程度极不均衡，除个别区域外，大部分城镇规划和建筑设计项目最终都未实现。

在建设工作得已实施的区域中，基础设施被放在首要位置。1976 年年初，即震灾发生的 8 年后，人们终于看到通过大型招标建造的高速公路和立交桥。在新城中，"花园城市"结构被照搬作为基本规划原则，最先完工的开阔车道和大片停车场为贫穷的贝利切河谷描绘了一幅车水马龙的未来图景，而最重要的生活设施——住房——在这场建设热潮中却迟迟未见踪影。通过基础设施，首先确定城镇功能的分区和边界，之后将房屋按部就班地填入这些功能性"网格"——决策者们以此作为"梦想城市"的"生产法则"，人民却要为此付出漫长等待。然而，在实际操作过程中，国家和地方政府间的矛盾、官僚腐败等因素严重影响了工程进度。整个计划中最引人注目的"明星城镇"——吉贝利纳新城（Gibellina Nuova[9]）于 1971 年开工，7 年之后仍未迎进居民，无法返回的故里和竣工遥遥无期的新城使灾民长久地流浪在家园周围。人为制造的空间隔离进一步破坏了灾民与故土之间在物质和情感上的连接，这让人们更加难以认同重建计划，也迫使他们开始自主"建设家园"。一份调查显示，1973 年灾区的棚户区人口为 48 182 人，1976 年这一数字是 47 000，相差无几。部分灾民居住在棚户区长达 10 余年，直到 2006 年，遗留在贝利切河谷的最后 250 座石棉屋顶棚屋才被拆除。在等待新城落成的漫长岁月里，灾民逐渐适应并根据当地环境和社会生活需求自主改造棚户区，在周边的土地中开展生产活动。对于生活问题的切实关注和参与建设的集体行为使这些条件简陋、多有隐患的住所延续了当地社群的习俗和生活空间，这让灾民对于棚户区的情感归属远高于他们将要入住的现代街区。

事实上，以推迟灾民回迁为代价而制定的看似严格的城镇空间秩序在现实中并不像图纸展示的那样秩序井然。一方面，接收普通民众的标准化社会住宅以单一重复的形式取代了原本独具特色的乡土建筑，这些"居住单元"不仅在形式上与西西里内陆中的古老城镇和农户村落显得格格不入，也产生出与传统以家庭为单元的街道体系全然不同的社区结构。空间结构的改变颠覆了互相关

9　Nuova 为意大利语"新"的意思。地震中被毁坏的吉贝利纳城（后称"吉贝利纳旧城"）在震后重建计划中被抛弃。

联的社群关系和生活方式。另一方面，政府对于社会上层阶级的私人住宅和大型公共建筑的设计和建设缺乏有效管理，导致这类建筑常以夸张的外形和体量出现在街区中，与集体住宅形成强烈反差（图 11）。在建筑之外，由道路切割出的难以使用的空地被轻率地指定为广场或公共场所用地，却因无法实现的配套设施最终被闲置、荒废（图 12）。贝利切河谷中一些新建城区的建筑密度缩小至老城的几十分之一。老城中曾经的交错小巷变成四车道马路，曾经邻里相聚的街角被空旷、平坦的广场替代……这些难以填补的空白地带加剧了城镇空间在形式、意义和功能上的不确定性。在终于离开棚户区入住新城之后，人们依然无法获得重返家园的安全感，进而再次迷失于陌生的环境中。

　　尽管初期重建计划并未遍及每个城镇，但那些已完成的项目和留存的记录清晰地揭示了这个建立在统一标准下的庞大工程与现实之间持续存在的本质分歧。衰落的事实衬托出现实的困境，反映了城镇结构、建筑形式和人民生活之间的多方面矛盾，一个与最初设想背道而驰的结局已无法避免。贝利切河谷重建初期的成果反映了计划的设计者和执行者都远不具备驾驭和改造这种在当时当地从未出现过的城镇空间系统的能力，对现代大都市模型的生硬模仿忽视了本地空间发展的局限和相关资源的匮乏。同时，决策者一方面低估了人们对于故里物质和情感的依赖，另一方面又对实现这个"现代梦想"及其真正的效力抱有过高的期待。或许造成这一切的原因并不仅仅是专业人员的失误。在意大利哲学家马西莫·卡恰里（Massimo Cacciari）[10] 看来，贝利切河谷经历的激进的空间革命表面上源自对"现代城市"这个遥远模糊概念的追求，而其诞生的真正原因和发展动力则建立在一种隐晦的宣传政策之上：通过重建和彻底改造，消除对原有土地和灾难的记忆。人们远离被摧毁的家园，在由技术创造的先进生活中忘却灾难的痛苦——"在一片没有痕迹的土地上，曾经的事实如同从未发生一样。"

10　意大利著名哲学家、政治家、学者和作家。1993—2000 年担任威尼斯市长。

图 11 未完成的公共建筑和荒废的土地

图 12 标准化住宅和空旷的城镇空间

1.3 寻找"艺术化"的解决方法："八〇年工作营"

在重建计划制定初期便已显露的问题随着建设推进和居民回迁被不断激化。进入 20 世纪 80 年代，也就是震灾发生的 12 年后，贝利切河谷的当地政府对于曾经的宏伟蓝图已不再抱有期望。在承受重建苦果的漫长岁月中，他们清楚地意识到以下两个事实：① 国家机构的重建计划不仅无法实现承诺的美好未来，反而使城镇空间和人民生活环境陷入持续的恶化之中；② 要摆脱困境，只有依靠自己的力量。

1979 年，一批享誉欧洲和崭露头角的国内外设计师受邀来到贝利切河谷，为了"修改之前计划，继续推进贝利切河谷重建工作"这一共同目标协同工作，"八〇年工作营"由此诞生。与由城市和建筑领域专业人员组成的意大利社会住房研究所不同，"八〇年工作营"中包括了许多先锋艺术家。成员背景的显著变化反映了当地政府面对现实困境所设想的应对方法。作为工作营的主要召集人和领导者，吉贝利纳市长卢多维科·科劳将前卫的公共艺术视为抗衡新城区中技术化和工具性语言的良方，以及弱化大型基础建设对城镇景观带来负面影响的有效手段。尽管对当地居民而言，这些艺术品大多与现代化建设一样都是未曾见识的外来物（图 13）。

图 13 新城中巨大的现代艺术雕塑

艺术化的工作方针为这份"脱困计划"蒙上浪漫的乌托邦色彩，但"八〇年工作营"的工作重点依旧集中在对城镇空间的改造上。对于贝利切河谷本土文化、居民集体记忆、社群生活传统等要素的重新发掘成为工作营众多设计师寻求摆脱现实困境的方法。然而，灾后 10 余年的重建工程已使大部分城区结构定型，难以改变，工作营所能操作的空间大都集中在单体建筑和城镇中有限的零碎区域。初期建设留下的限制与不断累积的各种矛盾是"八〇年工作营"要面对的复杂外部环境，这种大背景也造就了工作营不同设计师作品中的一些共性。

如果将"八〇年工作营"的所有作品进行横向阅读，多元化与复杂性无疑会是这幅全景视图最直接和重要的特质，这也正是它们对抗标准化城镇景观的意义所在。如果说初期重建计划展现的是在统一模式下展开的向预设目标进发的集体工作，那么"八〇年工作营"则为每一名设计师提供了为一系列相似问题寻求个体解答的契机。贝利切河谷现实的困境仅仅为该工作营成员的设计制定了大致类似的出发点，各异的学术背景以及与统一原则的距离成为他们作品从思想到内容呈现多元化的基础。

面对现实问题产生的多样解答来自形式背后蕴含的丰富的批判思考，这是"八〇年工作营"可贵的价值所在。如果我们将由现代主义设计主导的初期计划和 20 世纪 70 年代以降后现代主义高歌猛进势头联系在一起，就不难理解该工作营蓬勃批判动力的源泉。尽管就此将工作营的成员和作品贴上后现代主义标签无疑是片面和不负责任的，但这并不妨碍我们将 70 ~ 80 年代发生在贝利切河谷的两次建设计划的碰撞在某种程度上视为两个时代的思想论战。"八〇年工作营"通过实践构架起对现代城市和建筑设计的深刻反思，从历史发展来看无疑是进步的，这也使这批设计师的整体工作具有了在时间范畴上承接和在内容价值上转变的意义。

了解到"八〇年工作营"与初期重建计划之间存在对立性的同时，也必须意识到它们之间的关系并不可就此被简单地划分和理解。事实上，国家机构制定的从城镇到建筑的建设计划在漫长重建过程中始终占据主导地位，无论是在数量、完成度，还是持续时间上都远超"八〇年工作营"的工作成果。另外，"八〇年工作营"也非一次性活动，不同设计师的作品建成时间甚至相差十数年。诸多证据都说明初期建设计划和"八〇年工作营"之间并无明显的时间界线，因此不能也无法将它们严格区分、单独观察。这种交错的现实导致"八〇年工作营"创立伊始便具有的鲜明矛盾性：一方面，工作营旨在对于前期建设进行批判和改正；另一方面，设计师的工作始终是在对前期计划所建构的强大现实的妥协下展开。

如果说贝利切河谷重建工程两个阶段的成果有什么相似性的话，那就是两个阶段与预期相差甚远的完成度都体现出计划与本土条件难以契合的现实。应卢多维科·科劳召集，"八〇年工作营"成员最先汇集于吉贝利纳新城，但很快他们的工作就延伸到其他同样陷入困境的城镇中。然而，相比在吉贝利纳新城及周边区域中完成的建筑、公共空间设计、雕塑和大地艺术作品，其他地区的成果大都限于局部空间的改造提案，仅有少数项目得以实施。这种结果完全可以理解——漫长的初期重建导致的财政困难和社会问题已经使各地政府苦不堪言，自然对新一轮的理想性改造难有热情。卢多维科·科劳作为市长的远见卓识和相关政策支持，以及吉贝利纳新城独具的吸引力是"八〇年工作营"在此有所成就的关键，但这些特殊条件在其他地区都难以复制。

"八〇年工作营"的工作主旨可以被归纳为：将艺术与文化作为一种实现"平等"的手段，以此制衡技术和机器理性对人的排斥力，从而继续那份在之前已宣告失败的事业——实现美好的生活。然而，今天看来，贝利切河谷的命运更像是被引入了另一个极端——一种更加复杂和分裂的现实。如果说现代主义和功能主义造成了贝利切河谷土地的第一次身份危机，那么通过改造而输入的后现代与艺术化的语言则以形而上和抽象的方式导致了乡土身份的彻底迷失。对此，艺术家埃米利奥·伊斯格罗（Emilio Isgrò）中肯地指出："生存的问题不能仅靠艺术来解决。"

虽然"八〇年工作营"的结果远不能称为成功，但它的设计活力和"救世军"形象确实曾为深陷困境的贝利切河谷带来了新希望，其影响力在如今依然通过理论和实践层面的批判意义继续扩散，成为全面阅读和思考这段20世纪后半叶城镇重建与复兴历史的必要条件，这也是本书挑选作品多出自工作营成员之手的原因所在。如今，散落在这条曲折河谷中的城镇展现的是不同时期建设相互叠加的结果，这种独特的"拼贴"特质将带领我们接近这片在半个世纪中见证了梦想从兴起到幻灭的土地，并理解它为何至今处于如此停滞和脆弱的状态。时间既会铭记，也会遗忘。对于已步入中年的震后一代和他们的子孙而言，曾经割裂历史的事件已成为新的历史。这或许为贝利切河谷带来了重塑时间与空间连续性的转机，但为此已经付出的代价是巨大且无法挽回的。

　　尽管读者与游人会清楚地察觉，但笔者仍希望在此强调的是：将建筑与城镇作为相互促进发展的共同体这种传统的建筑学视角并不适用于阅读震后的贝利切河谷。重建初期制定的标准化城镇结构大幅弱化了城镇空间与建筑之间本应自发产生的对话。当看到初期建设造成的后果在规划层面已无法挽回时，"八〇年工作营"的设计师们开始将目光更多投向城镇以外的方面。这种无奈之举和官方对设计在一定程度上的放任使设计师们获得了在学科内深入探讨的自由，其结果是在严苛技术化的功能性网格中萌发出寄托乌托邦理想的种种奇观。

　　在这场始于 1968 年充满理想主义的造城运动中，前赴后继的建筑师与艺术家在这里为后世留下了丰富的城市文化遗产：切实的功能性网格与幻想的图像、遗忘过去的意图与重塑历史价值的努力……这些并置的概念正是今天观察贝利切河谷重建史的切入点。本书目的不在于评判某件作品的"正确"或"错误"，而是将重点转向寻找深藏于人造空间和图纸之中的辩证态度与批判眼光。这些品质将帮助我们从经历了"现代化"激情之后萧条的现实中，辨识出那些解决具体问题和讲述具体概念的设计方法，以及从中传达出的历久弥新的设计价值。

第 2 章 嬗变的城镇

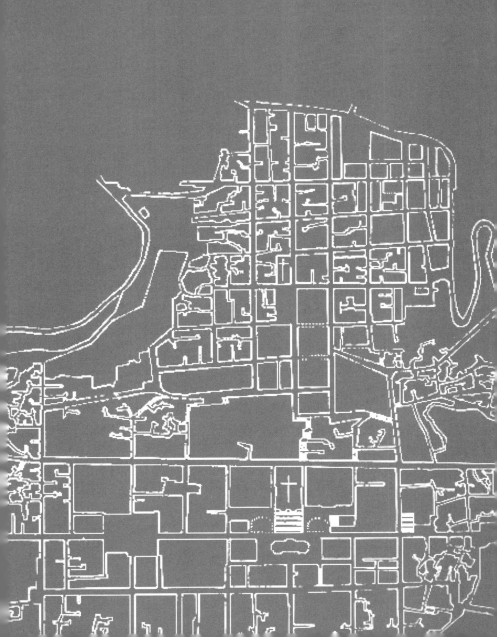

2.1 三座城镇的重建与修复

我们生活在一个多元文化和语言必须共存甚至以不和谐的方式共存的世纪中。真的不需要和谐吗？当然不！今天的历史不需要和谐，因为今天的历史是自由的。从这自由炽热的岩浆之中，将会诞生一个新的时代、一个新的文明、一个新的世界。[11]

——卢多维科·科劳

作为一座现代主义设计的"露天博物馆"，贝利切河谷的震后修复成果对于今天的意义不仅在于它所承载的通过设计创造新时代的雄心，更在于以艰难的实施过程和令人失望的结局反映出的现代主义设计的局限性，以及展示了对于这里生活空间和集体情感造成的无法挽回的重创。漫长的工期、多变的计划和未完成的状态赋予了这条河谷一种仿佛时间凝固的超现实主义色彩。在同一条街道中，人们可以看到荒弃的建设用地、巨大锈蚀的钢结构、雄伟却空无一人的市民中心、凋零的博物馆，以及震中幸存的巴洛克教堂和坍塌的民居残骸。然而，这些由不同时期建筑组合而成的人造景观既鲜有对历史的缅怀，也缺乏面向未来的希望和动力。贝利切河谷的历史，当下与未来彼此共存并陷入了停滞，意大利南部散漫的生活节奏和严重的人口老龄化更加剧了这种状态，只有从一些重要项目旁边歪倒的指示牌上描画的从未实现的参观路线上，才可以想象出重建之初这片土地幻想要成为的样子。

毫无疑问，吉贝利纳新城是贝利切河谷重建工程中最耀眼的成就。这座在平原之上拔地而起的城镇几乎包含了这场建设大潮中的所有项目类型——花园城市网格、标准化社会住区、激进的私人家宅、巨大的纪念建筑和公共设施，以及散布在社区中的先锋艺术作品。然而，对于吉贝利纳居民来说，在体验了"现代生活"带来的短暂新鲜感之后，他们便长久陷入了功能主义和乌托邦梦想共同导致的空间与情感的困境。跌宕起伏的建设过程和汇聚于此的设计大师们使这座西西里岛内陆小城与大洋彼岸的巴西利亚一同成为 20 世纪理想造城的

11　Renato Quaglia. Conversazione con Ludovico Corrao. Palermo: Navarra Editore, 2011.

代表。

与新城相距 9 公里之外的吉贝利纳老城同样引人瞩目。在被彻底抛弃和荒废十数年后，"八〇年工作营"成员意大利艺术家阿尔贝托·布里（Alberto Burri，1915—1995）创作的大地艺术"混凝土大裂纹"（Il Grande Cretto）将这片废墟彻底封存。这项从设计之初便吸引无数目光的作品曾停工数十年，终于在布里去世后完成。如今，这里已成为奢侈品牌的广告拍摄地和先锋艺术的露天展场。

吉贝利纳两座城镇的新生和灭亡向我们提供了一对极端和纯粹的样本。它们共同记录了贝利切河谷重建计划从设计到实施的全过程，其中遭遇的困难和转变反映了先后两组建设计划在同一时空中的对垒和协调，如今没落的新城也成为河谷重建结局的缩影。

位于吉贝利纳新城西侧 7 公里的城镇萨莱米展示了另一种灾后修复策略。地震虽未彻底摧毁这座山城，却促使意大利社会住房研究所在山脚的平原地带建立新区。初期建设中对于连接区域的忽视使新老城区之间隔阂日益严重，因此除了制定老城重点建筑和城镇空间的修复策略之外，"八〇年工作营"在这里的工作同样包含对于两个城区关系的优化。在仅建成的方案中，西扎和韦内齐亚的作品都将历史遗址作为新建设的基础。这两名建筑师不约而同地将废墟作为贝利切河谷曾经灾难的珍贵证明，并以此作为基础重塑城镇空间，建筑形式与居民情感和生活之间的纽带。

吉贝利纳与萨莱米的城市重建和改造工作在不同程度上展示了建设计划对于新老区域之间关联性的忽视。然而，在西西里岛的另一端，诺托壁垒在 17 世纪的震后建设可以作为对比样本。在那里，新区对于老城肌理的延续和鼓励民众参与建设的方法展示了一种更加有效和可持续的城市灾后重建策略。

● 吉贝利纳新城：未完成的梦想

　　吉贝利纳（距离震中仅 2.5 公里）是在 1968 年的震灾中被彻底摧毁的四座城镇之一。这座古城的历史可以追溯到 700 多年前的 14 世纪。当时的西西里贵族曼弗雷迪·基亚拉蒙特（Manfredi Chiaramonte）在此修建了一座以自己名字命名的城堡，随后这里逐渐发展成为一座典型的西西里内陆农业村镇。这座中世纪小镇位于贝利切河谷旁起伏的山丘之上，居高临下的地理位置从它的名字便可了解："Gibellina"源于阿拉伯语，由"Gebel"（山，高度）和"Zghir"（小的）组成。陡峭的山丘地势不但使吉贝利纳成为从圣宁法通往坎波雷亚莱途中举步维艰的区域，也使其辖域内的土地难以耕种（图 1），当地农民不得不在远离城镇的平原处开垦田地。这种居住与劳作空间分离的现象如今在西西里仍然存在。

　　作为贝利切河谷重建工作的范例，吉贝利纳新城从一开始就被政府和人民寄予厚望，但新城的选址过程并非一帆风顺。地震发生的 8 个月后，意大利社会住房研究所制定草案将城址定在圣宁法旁的兰平策里地区（Rampinzeri），目的是便于和临近的两座新城进行统一的"城市化"建设。此草案遭到吉贝利纳居民的反对，他们倾向于一个更加"中心"的位置，最终在 1970 年确定的位于萨莱米大区的萨利内拉（Salinella）新址完美符合了大家心中的重建标准——地势平整，海拔在 230~250 米，紧邻省际交通网的位置使这里很快新建了火车站（临近的萨莱米市镇至今也未接入铁路网），周围肥沃的土地非常适合葡萄生长（图 2）。

　　新城最初的总体规划同样由社会住宅研究所制定。蝴蝶展翅般的中轴对称构图与从中世纪发展出的围绕中央广场和教堂向外发散的老城结构完全相反（图 3）。吉贝利纳新城规划可以视作是 20 世纪 70 年代城市乌托邦理想与理性"现代城市"的结合。依照这类模型，新城平面由标准的功能区块组成，包括公共空间（广场、绿地）、功能空间（住宅、行政、生产、服务等）和交通网络（人行道、车行道、公共交通线路）。纵横交错的公路成为分隔空间的工具，宽阔的林荫大道和图纸上遍布城镇的人造绿地让人联想到埃比尼泽·霍华德（Ebenezer Howard，1850—1928）的花园城市模型。然而，计划的制订者似乎并未意识到，他们所参照的模型是为了适应大城市发展和应对都市矛盾所

图 1 震前吉贝利纳老城
来源：Dopo il terremoto

图 2 吉贝利纳新城与远处山地景观

设计的。吉贝利纳新城并非是依附大都市的卫星城，这里的居民也并不需要逃离城市喧嚣以寻求安宁，因而将一个被农田包围的乡村小镇打造为"田园城市"的计划颇具讽刺意味。更糟的是，由于缺乏专项经济运作和充足资源，吉贝利纳新城甚至无法建立起自足的经济体系，因此无法实现现代都市模型中必要功能的正常运转。

　　公共集合住宅是吉贝利纳新城标准化空间结构和均质城镇景观的重要组成部分。这些住宅相连成排，由蜿蜒曲折的环路围绕，成为道路＋住宅的固定组合形式。整齐分布在"蝴蝶"两翼的住宅是政府所承诺的"一种新型城镇生活"的最直观体现。这些集合住宅高度相同，出挑的二层提供了有遮蔽的公共走廊，目的是在街道和每户的独立花园之间建立檐下的社交空间（图4—图6）。住宅一层布置起居室、厨房、洗衣间和储物服务空间，二层根据家庭规模设置2—4间卧室。为抗震专门加设的钢筋混凝土框架暴露在连续的外立面上，形成节奏均匀的垂直向分隔。每户房前的小花园由矮墙围合，紧邻街道的一侧有向外凸出的车库（图7）。考虑到意大利南部城镇中传统"街头生活"会对"现代城镇面貌"造成不良影响，设计者在住房之间的公共区域配备娱乐设施，作为专门的聚会场所。在一份官方报告中，吉贝利纳新城的公共住宅被描述为："经过研究所创造的全新贝利切建筑类型。它奠定了贝利切的住宅基础，由此将诞生具备城市规模的新生活。"

　　然而事实上，正是这种以解决功能性问题为目标的住宅模式造就了固定的建筑模块，并导致了吉贝利纳单调的城镇风景。这些功能齐全，形式统一却互相独立的二层住房使那些从乡村家宅和棚户帐篷迁入的居民在突然之间必须面对现代建筑的使用规则，并遵守它所规定的生活方式。每户的独立花园虽然与街道相连，却阻隔了邻里交流，迫使人们要前往专门设置的"社交区域"。在占地超过150公顷的吉贝利纳新城中，这些标准化住宅容纳了约5000名居民，而在面积仅有50公顷的老城中曾居住超过6000人。骤降的居住密度加剧了空间的疏离感，使如今人口流失严重的城区显得愈加萧条。

　　吉贝利纳新城选址着重考虑地势平整和交通便利，这与当年重建诺托壁垒重镇诺托城的标准是一致的。1693年，地震摧毁了位于阿尔维里亚山以北富裕的诺托城（也称"旧诺托"，Noto Antica）。这座费尔南迪三世口中的"精妙之城"

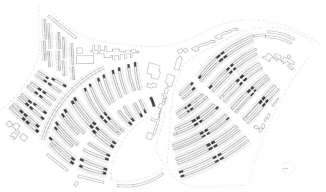

图 3 吉贝利纳新城早期规划
来源：根据 Pierluigi Nicolin, Quaderni di Lotus 2, Dopo il terremoto/After the earthquake, Milano: Electa, 1983: 22, 重绘

图 4 公共住宅檐下空间

图 5 公共住宅背街面

图 6 公共住宅之间
　　的小花园

图 7 紧邻街道的公
　　共住宅车库

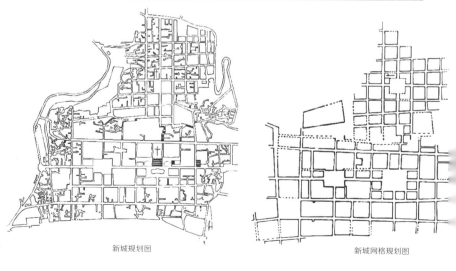

新城规划图　　　　　　　　　　　　　　新城网格规划图

（Civitas Ingeniosa）最终被抛弃，新城址定在距老城 10 公里外的平坦开阔地，重建工作在余震的威胁下展开。

　　地主乔瓦尼·巴蒂斯塔·兰道利纳（Giovanni Battista Landolina）与三名当地建筑师共同完成了新城规划（图 8）：三条平行的主街道穿越城镇，一系列次级街道以直角连接，形成正交网格结构；城中的三个广场和教堂为各个区域提供了社交中心和视觉焦点。这套巴洛克式的城镇布局清楚地展现了当时严格的社会等级制度——网格按照阶级地位次第划分，从靠近中心教堂的贵族区逐渐过渡到城镇外围的平民区。

　　在诺托的重建工作中，当地社会群体一直扮演着重要角色：随着工程推进，由乡绅和知识分子组成的精英阶层逐渐取代中央政府成为决策者，这在 17 世纪实属不易。最初制定的规划图并非细致的建设准则，甚至没有画出明确的城镇边界，仅是一份提供指导意见的大纲，而更重要的是，收留灾民的安置区就设在新城范围内。政府提供补助和材料给灾民，允许他们在划分好的地块上自主搭建棚屋。随着重建工程的推进，网格化的住宅街区逐步取代了临时建筑。城镇重要的公共建筑项目由专业建筑师负责完成，代表作品包括始建于 18 世纪初，于 1776 年完工的诺托大教堂（Cattedrale di Noto）。该工程先后由多名建筑

新城实际的城镇结构

图 8 诺托新城
来源：根据 Pierluigi Nicolin, Quaderni di Lotus 2, Dopo il terremoto/After the earthquake, Milano: Electa, 1983: 16. 重绘

师主持，融合了文艺复兴后期建筑风格的大门、巴洛克装饰拱楣和新古典主义的立面构图（图9）。对于诺托新城，规划者和建筑师延续了曾经老城中建筑与街道的对应关系，从而保证了新老城镇中空间结构和社会活动的连续性，而巴洛克式的空间组织也为深谙此道的建筑师和建造者们提供了互动的条件。

然而，3个世纪前重建诺托新城的经验并未在震灾后的贝利切河谷得到延续。如今的吉贝利纳新城依然展现着曾经的雄心，但人们很容易就会感受到这份想象与现实间巨大反差所形成的不真实感：排除居民参与的建设阻隔了人们与新家园建立情感连接的机会，同质化的城镇景观和随处可见的空间浪费进一步破坏了本应属于这个古老社群的亲密的人际关系（图10，图11）。官方最初关于"宜居"的建设计划并未起到促进城镇空间和居民生活相关联的作用。

图9 诺托大教堂正立面
来源：TheRukk, https://commons.wikimedia.org/wiki/File:Basilica_di_Noto.jpg

图 10 吉贝利纳老城街道
摄影：Mimmo Jodice

图 11 吉贝利纳新城公共住区街道

43

20 世纪 70 年代末的吉贝利纳新城正处于一个由理想和激情驱动的时期。作为西西里自治的积极推动者,卢多维科·科劳用"一个新的时代,一个新的文明,一个新的世界"的激昂宣言描绘了一幅乌托邦城镇的理想蓝图。在现代都市模型为这个全新小镇带来"身份危机"的时刻,当"八〇年工作营"的改造计划还未实施的时候,任何设想都是革命性的、美好且被认定终将实现的。

由此可以理解为什么当卢多维科·科劳提出以激进的艺术化方式来"改造"城镇初现的荒凉景象时,收获了人民近乎一致的支持。伴随着标准化住房的持续建设,第一批居民向新城搬迁,尽管此时意大利社会住房研究所负责的建设项目尚未完工,"八〇年工作营"在这里的改造计划就已经拉开帷幕。

工作营成员首先对城中随处可见的空旷场地进行优化。初期建设留下的宽大街道为改造带来多种可能性。建筑师们将道路缩窄,将多余的空间或并入两侧住户的庭院,或用来建造新住房,而城镇中的荒废地带和无法使用的夹角空间则成为朱塞佩·斯帕格努洛(Giuseppe Spagnulo)、尼诺·弗兰奇(Nino Franchina)、安德烈亚·卡塞拉(Andrea Cascella)、福斯托·梅洛蒂(Fausto Melotti)、彼得罗·孔萨格拉(Pietro Consagra)和伊尼亚齐奥·蒙卡达(Ignazio Moncada)等众多先锋艺术家的试验场。他们将前卫雕塑和极少主义的几何体置入其中,试图通过象征性元素和抽象性语言纪念曾经的灾难,寄托对未来的希望,重塑人们的集体信仰和身份认同(图 12—图 15)。

在这些超前的艺术创作中,雕塑家彼得罗·孔萨格拉在新城的一系列作品极具代表性,它们反映了这位生于西西里、在罗马发展、在美国获得国际声誉的艺术家希望为这座陷入空间与情感双重困境的城镇带来的改变。

彼得罗·孔萨格拉 1920 年生于贝利切河谷南端的港口城镇马扎拉德瓦洛。青年时期就读于巴勒莫艺术学院(Accademia di Belle Arti di Palermo),1942年移居到刚被美军解放的罗马。在立体主义将绘画从平面维度和固定时间中解放出来的 20 世纪中叶,彼得罗·孔萨格拉却去除雕塑的三维特征——对他来说,这意味着雕塑艺术专制性的核心——视作一种近乎道德的需要。1947 年 3 月,在杂志《形式》(*Forma*)的第一期,他连同多名年轻艺术家发表了一份义正

图 12 《雕塑》（*Scultura*，朱塞佩·斯帕格努洛）

图 13 《迷宫》（*Labirinto*，尼诺·弗兰奇）

图 14 《喷泉》（*Fontana*，安德烈亚·卡塞拉）

图 15 《序列》（*Sequenze*，福斯托·梅洛蒂）

图 16 "第一形式组"成员
（后排左 1 为彼得罗·孔萨格拉）
来源：Paola Severi Michelangeli, https://
commons.wikimedia.org/wiki/
File:Gruppo_Forma_1.jpg

词严的声明[12]（图 16）。声明中，他们自称"形式主义者"和"马克思主义者"，以"抽象主义"的名义反对毕加索的"变形与形而上的浪漫主义"。具体到雕塑艺术，孔萨格拉将他作品中的正面性（frontality）意义作为一种应对手段，并对此写道："作为一种不同的视点，正面放置对于我继续从事雕塑事业意义重大。我意识到，脱离话语的中心比雕塑本身更重要：放置变得有意义。通过将放置本身作为一种可塑性的组成部分，我可以用一种原本无法揭示意义的方式来观察雕塑。"[13]

由彼得罗·孔萨格拉设计的一座高达 28 米的不锈钢雕塑《星星》矗立在吉贝利纳新城的南侧边缘，如今它已成为这座城镇最为人熟知的标志（图 17）。尽管新城位于贝利切河谷的中部，但该雕塑的另一个名字"贝利切之门"（L'ingresso in Belice）表明了作品更深远的象征意义——河谷的新生始于这里。这道巨大的不锈钢门界不仅描述了人们对于这座"明星城镇"的美好期望，也昭示着官方重建工作的基本思路：以统一计划将贝利切河谷众多城镇打造为一个全新的联合体。由于横跨公路的《星星》的厚度被极大压缩，巨大的尺度使其更显单薄，看似随时都有倒塌的危险。通过削弱雕塑的体积感以及直面公路的摆放位置，孔萨格拉打造了一种确定无误的形式体验——雕塑的几何形体不受观察者距离远近的影响，从而弱化了空间艺术对于观察者运动轨迹的依赖，这使《星星》可以被放置在更广阔的背景中。雕像完全相同的正反两面造就了"双正面"（bifrontal）性质，与两侧的人们之间构建了唯一的正对关系，成为观众最重要的体验。这种体验的强度随着观察者逐渐接近雕塑而快速累积增大。

除了雕塑家的个人追求，"去体积化"雕塑呈现的正面性也十分适合表达"门界"的概念。它强化了人们对于"接近"行为的持久心理感受，随后的"进入"和"穿越"行为则在到达的一瞬间发生并结束。这种对于"跨越边界"概念的隐喻同样体现在彼得罗·孔萨格拉在吉贝利纳新城的其他作品中。

12　参与该声明的艺术家有卡拉·阿卡尔迪，乌戈·阿塔迪（Ugo Attardi），彼得罗·孔萨格拉，皮耶罗·多拉齐奥（Piero Dorazio），米诺·古里尼（Mino Guerrini），阿奇里·佩里利（Achille Perilli），安东尼奥·桑菲利波（Antonio Sanfilippo）和朱利奥·图卡托（Giulio Turcato）。这个团体被称为"Gruppo Forma 1"（第一形式组）。

13　Pietro Consagra. Vita mia. Milano: Skira, 2017.

图 17 《星星》（Stella，彼得罗·孔萨格拉）
来源：Phyrexian, https://commons.wikimedia.org/wiki/File:Gibellina_-_Porta_del_Belice_0580.JPG

在新城西南角，彼得罗·孔萨格拉为一个植物园设计了入口，这是一对高 10 米、宽 8 米的混凝土构筑物——他运用所钟爱的黑白大理石贴面模仿叶脉的形状，建立起城镇与自然之间的门界（图 18）。在主城东北方向的吉贝利纳公墓，彼得罗·孔萨格拉设计的入口门扇蕴含着更深层的情感表达。不同于《星星》和植物园入口的对称形式和统一的材料语言，公墓入口的两页门扇分别由"面"与"线"构成（图 19）。不规则的几何形式所表达的"唯一性"和"不可复制性"诠释了艺术家对于灾难和逝去生命的思考——世界中的每个生命都是独特而不可复制。

然而，让包括彼得罗·孔萨格拉在内的那些声名显赫的艺术家们没有预料到的是，他们的作品会成为新城中"不合时宜"的存在——这些脱离了当地文化语境的乌托邦碎片远没有达到预想的艺术效果和社会效应。由于资金短缺，许多作品未能实施，而建成作品也疏于维护。詹保罗·狄·科科（Giampaolo di Cocco）的雕塑"沉落动物"（Animalia Grandi Naufragi）两次遭到人为破坏，艺术家本人无奈地表示："我不知道是否值得再造一次。"破坏雕塑行为的原因比其后果更让人深思：相比不近人情的早期城镇建设，突兀出现在城镇中的

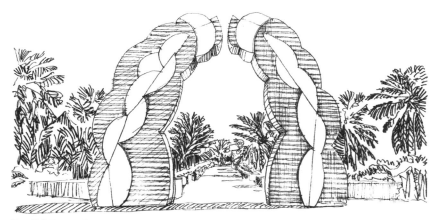

图 18 植物园入口，彼得罗·孔萨格拉

图 19 公墓入口门扇，彼得罗·孔萨格拉

艺术品所蕴含的抽象意义也许招致了居民一种更加复杂的情感，面对这些永久性展物，居民陌生和无所适从的感受最终演变为了愤怒。如此结局让我们不禁思考：公民艺术应当以何种方式在失去传统与记忆的土壤中生长？

在先锋艺术家对于这份改造事业的热情还未消退时，"八〇年工作营"中的建筑师们正积极投入对原有建设的改进和新项目的设计之中。由劳拉·塞梅斯规划的一条包含多座公共与文化建筑的"新城历史中心"主轴线开启了城镇中心的改造工作（图 20）。德国理性主义建筑大师翁格斯（O.M. Unger）负责其中一部分的规划工作，并在主路北侧设计了联排公共住宅——"廊道大楼"（Edificio Porticato），与之相邻的是朱塞佩·萨莫纳（Giuseppe Samonà）的粗野主义市政厅（图 21）。这两条连续的"建筑带"为城中心提供了一条齐整的边界，同时也遮蔽了另一侧孤独空旷的市政广场（图 22）。在"新城历史中心"南侧，新城的另一条轴线起始于空旷的"地中海花园"（Giardino del Mediter-raneo）。这条狭长空间本是为弗朗哥·普里尼与劳拉·塞梅斯的"广场系统"（Sistema delle Piazze）预留的（图 23），但项目最终只建成一半，余下的空地被随意放置的花坛所占据。

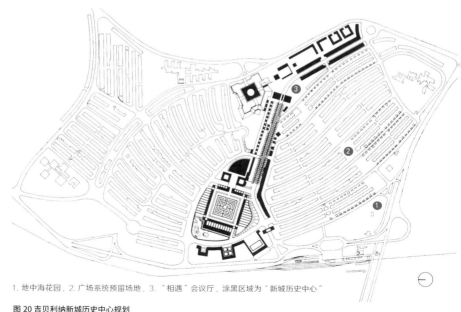

1. 地中海花园，2. 广场系统预留场地，3. "相遇"会议厅，涂黑区域为"新城历史中心"

图 20 吉贝利纳新城历史中心规划
来源：根据 Pierluigi Nicolin. Quaderni di Lotus 2, Dopo il terremoto/After the earthquake. Milano: Electa, 1983: 30. 重绘

图 21 新城市政厅与翁格斯住宅

图 22 新城市政广场

图 23 广场系统

　　新城中这两条仅有的直线街道在弯曲匀质的城镇肌理中留下了显著的印痕，它们最终汇聚于彼得罗·孔萨格拉设计的会议厅"相遇"前的小广场，这里成为分隔世俗世界与精神领域的门界。广场东北侧，由卢多维科·夸罗尼设计的宏伟的圣母主教堂出现在整座城镇的制高点上。道路在这里成为一条笔直向上的朝圣之路。台阶尽头，从教堂环形剧场升起的巨大白色球形圣堂在西西里的烈日下熠熠生辉（图 24）。在被纪念性和神性光晕笼罩的台地东侧，弗朗切斯科·韦内齐亚设计的博物馆——"洛伦佐宫"（Palazzo Di Lorenzo）静默地矗立着，厚重的围墙隔离了城镇景观和田园风光的同时，牢牢地守护着来自老城的珍贵遗存（图 25）。

　　意大利社会住房研究所与"八〇年工作营"的共同努力使吉贝利纳新城成为一座现代建筑和先锋艺术的露天博物馆。在南意大利社会与经济研究中心主席亚历山德罗·拉·格拉萨（Alessandro La Grassa）看来，"艺术城"是这座新城未来的命运，他希望有一天这些出自著名设计师之手的作品能吸引全球艺术家前来生活和创作，只有如此，那些空置的房屋和衰败的设施才能重新发挥作用。

图 24 吉贝利纳新城圣母主教堂

图 25 洛伦佐宫博物馆

被彻底摧毁抛弃后易地重建，再以艺术和文化的名义进行具体改造，吉贝利纳在 20 世纪后半叶的激变不仅是贝利切河谷重建计划的缩影，也使之成为如今西西里城镇中的独特样本。它背后的乌托邦梦想与对于美好的现代生活的追求正是推动贝利切河谷数十年建设的动力所在；但是，随着 20 世纪 90 年代后大多数项目的停工，人们对吉贝利纳新城的期盼与热情终于被消耗殆尽，昔日明星也逐渐淡出人们的视野……21 世纪，一个个人悲剧性事件再次向公众展示了这座城镇从不缺乏的戏剧性——2011 年，84 岁的卢多维科·科劳被他的孟加拉国移民雇员持象牙雕塑袭击致死。这位吉贝利纳新城的缔造者被安葬在城区之外的公墓中。

如今，亚历山德罗·拉·格拉萨期盼的艺术家仍未到来，取而代之的是零星漫步在空旷街道上的访客，他们大多数是慕名而来的建筑专业人员或建筑爱好者。街边小店老板从中觅得商机，出售着比首府巴勒莫餐厅还要昂贵的披萨和千层面。如果够幸运的话，访客还可以租住在由翁格斯设计的联排住宅中。从这点上看，吉贝利纳新城居民终于开始尝试实现——尽管以一种微不足道的方式——那份曾经推动贝利切河谷重建的"旅游计划"。

驻足这座未能实现梦想的城镇，让我们先听听几位居民对自己家园的看法。这些话语比其他任何文字都更加具有真情实感[14]。

城里居住的老年人对这样一个超现实的环境不知所措，这里不符合他们的需求和习惯……但随着时间的推移，越来越多的年轻人开始明白这里发生了什么，并且理解那些曾经来到这里提供帮助的人。

妄想把每件事都完成并做到最好是不可能的。你必须接受这样的事实——并非每件事情都在你的掌控中。

吉贝利纳是一个超现实的地方，农用拖拉机停放在享誉全球的艺术家作品前。要填补之前留下的空缺，需要依靠我们这代和更年轻的一代人，一群真正以新眼光看待这座城镇的人。

---

14 Giovanni Robustelli. Gibellina Laboratorio di sperimentazione sociale. Valdilana: Associazione La Finestra sull' Arte, 2011

● 吉贝利纳老城：为了铭记而埋葬

当它们被抹去之后，才开始被看见。[15]

——列昂纳多·夏夏[16]

离开吉贝利纳新城向东进发，穿行在西西里内陆起伏的丘陵之间。远处山坡上一片巨大的"白色迷宫"无疑会成为人们的关注焦点（图 1）。然而，当登上山坡、走进这座"白色迷宫"时，到访者不仅会逐渐迷失方向，也会困惑于这件庞大人造物的意义和作用。颜色深浅不一的混凝土表面表明这件巨大作品可能完成于不同的时期，除此之外，没有任何线索说明它出现在这里的缘由和目的（图 2）。

这片被覆盖的土地便是吉贝利纳老城的所在地。"白色迷宫"是享誉全球的意大利艺术家阿尔贝托·布里（Alberto Burri，图 3）在 1973 年应卢多维科·科劳之邀来此进行的创作。与其他投身新城的设计者不同，阿尔贝托·布里似乎预见到新城乃至整个贝利切河谷重建计划最终的结局，他将老城遗址作为自己的创作场地：用混凝土浇筑的大地艺术——《大裂纹》[Grande Cretto，也被称作"布里的大裂纹"（Cretto di Burri）] 定格了那座被摧毁的城镇，以沉默、惊骇的形式记录着曾经的灾难和流离失所。

尽管这件大地艺术在尺度、用材和创作方式上与阿尔贝托·布里职业生涯的其他作品差别巨大，但它们在构思、形式和叙事逻辑方面依然保持着设计师清晰、独特的一贯性。因此，回顾阿尔贝托·布里的职业创作对于理解这座混凝土迷宫来说至关重要。

1915 年，阿尔贝托·布里生于意大利中部翁布里亚（Umbria）的一个商人家庭。青年时期，立志成为医生的布里考取了佩鲁贾大学热带医学专业，并顺利毕业。第二次世界大战爆发后，他被征召入伍，成为一名驻守利比亚的意军

15　They became visible only after being erased，这里的"它们"指在 1968 年地震中被摧毁的城市。Leonardo Sciascia. Quaderno di Montevago . Palermo: Assemblea Regionale Siciliana, 1968.

16　Leonardo Sciascia（1921—1989），西西里剧作家、政治家。

图1 《大裂纹》，阿尔贝托·布里
来源：Fabior1984. https://upload.wikimedia.org/wikipedia/commons/2/2e/Cretto_di_Burri_-_Gibellina.JPG

图2 《大裂纹》新旧材料对比
来源：MurissaFrancesciosa. https://commons.wikimedia.org/wiki/File:Cretto_di_Gibellina_by_Alberto_Burri.jpg

图 3 阿尔贝托·布里
来源：Nanda Lanfranco, https://commons.wikimedia.org/wiki/File:Alberto_Burri,_photo-graphed_by_Nanda_Lanfranco.jpg

军医。1943 年 5 月 8 日，布里在突尼斯被俘，随后被押解至得克萨斯州的赫里福德战俘营。漫长的牢狱生活让布里开始反思战争与法西斯主义暴行，从未接触过绘画的他拿起画笔，利用极有限的材料进行创作，宣泄心中的抑郁情绪。他在狱中的第一批作品描绘的是室内静物和从营房看到的沙漠风景。简陋的条件、单调的描绘对象，以及压抑和痛苦的心理成为布里日后发展出极具个人化表达的基础。

1946 年，布里获释回到祖国，随后移居罗马。在百废待兴的意大利，他目睹了法西斯政权造成的巨大经济损失，战争恐慌和意识形态压迫更使文化发展停滞不前。现实境况和新的信念让布里毅然弃医从艺，在音乐家弟弟的帮助下，他与当时活跃的意大利艺术圈建立了联系。在那里，他接触到方兴未艾的达达主义、超现实主义和抽象主义，这些前卫的艺术运动深刻影响了他日后的创作。除了与国内艺术家交流，布里还经常前往巴黎，向那里的先锋艺术家和工匠学习创作浮雕与绘画的方法。自此，消除雕塑和绘画媒介间的隔阂成为他之后艺术生涯中的长久主题。

从 20 世纪 50 年代初开始，在先锋艺术影响下，布里逐渐放弃了战俘营时期的写实手法，转向后来被称为"非正式艺术"（Arte Informale）的实验风格。他使用不同方式对的各种材料进行加工，探索材料物理性质的改变程度和可变方式。诸如燃烧、撕裂、切割、融化、缝合等操作使他的作品表面充满各种孔洞和裂缝。这种"暴力"痕迹保留了对材料的破坏和重组过程，材料的物质性异变成为此时布里作品的最重要特征。

意大利艺术史学者朱利亚诺·塞拉菲尼（Giuliano Serafini）曾指出，当艺术家将一种材料"耗尽"之时（这里"耗尽"的含义在多数情况下并非指物理性的，而是创作者的主观选择），他们往往会转向新的材料，开始新的阶段——这点在布里职业生涯中得到了充分展现。伴随着创作日渐成熟，他使用的材料和创作媒介呈现出阶段性变化，这也构成了一条阅读布里作品的清晰脉络。

在监禁期间，由于难以获得画布，布里曾经使用营房中随处可见的粗麻布进行绘画。获释后，他将这种制作军队帐篷、补给品包装、沙袋和伪装网的廉价耐用材料带回意大利，继续运用在自己的作品中。在他早期使用撕裂和缝合布料构成的拼贴作品中，充满对于暴力与战争的象征，反映了意大利当时悲观、消极的社会氛围（图 4）。

20 世纪 60 年代，布里转向了更广泛的非传统材料——木材、焦油、塑料、PVC、玻璃纤维网、金属等，因此也尝试了更多的加工手段。在这个时期他创作的塑料系列和铁片系列作品中，充满破洞和裂缝的材料碎片彼此贴合或重叠，通过原料本身展现色彩、几何形态和质感。评论家切萨雷·布兰迪（Cesare Brandi）将它们描述为"未上色的绘画"。

20 世纪 70 年代，布里专注于创作"裂纹"（cretto）系列。此时的他不再刻意追求材料的多样性，他将高岭土、树脂、颜料和醋酸乙烯酯混合成黏稠液体，平铺于画布上，在混合材料自然干燥的过程中会出现独特且复杂的裂纹。布里欣赏并信任这种自然过程，仅在极少情况下使用小刀引导裂纹的发展势态。

"裂纹"系列中随机开裂的重要意义在于艺术品遵循自身物质特性在自然环境中"成长"并最终定型。作品决定并创造了"自我身份"——这个过程反抗了传统意义上创作者对作品的"绝对统治"。有学者指出，这是艺术家参考了油画表面随环境和时间变化而出现的细小裂纹，而布里也承认自己欣赏早期绘画中颜料的龟裂纹，因为这让他意识到任何完美图案终会随时间流逝而产生不可逆的瑕疵。

图 4 《白》（*Bianco*，系列作品，阿尔贝托·布里，20 世纪 50 年代,）
来源：latfabriano. https://commons.wikimedia.org/wiki/File:%E2%80%9CBianco%E2%80%9D_-_Alberto_Burri.jpg.

　　相比之前作品，"裂纹"系列对于物质性变异的表达方式发生了本质改变——以人工方式进行破坏和重组的过程被材料的自然干燥和变化所替代。作品的结果不再是艺术家按照预设目标塑造的，而是自然产生的偶发组合。"去人工化"的生成（而非创作）过程将主动权交还作品本身，这使得人工处理手法与材料之间的对立关系以及艺术家与作品间的主客体对峙状态都得到了和解。

　　对布里创作历程的回顾让我们看到从对材料进行人工破坏开始，其作品就表现出强烈的对于物质物理构成的解构倾向，这反映出艺术家对于均质性和整体性意义的反抗。无论是强烈的人工破坏还是材料的自然变化，布里的作品始终将"失序"作为主题。即便前期的烧灼、锈蚀等处理手法属于艺术家的主动行为，其结果依然在很大程度上取决于材料本身的性状。在艺术品最终形态的生成过程中，人工操作看似强势控制，实际却是被动地介入。当作者失去对于物质变异和艺术创作的准确预判和精细把控，失序就成为艺术品的生成法则和展示结果。与工作室作品不同，吉贝利纳老城《大裂纹》的建成仅仅是这种失序状态的开始。在之后的岁月中，这件作品会以创作者无法预料的方式开始自己的演变。

在探索材料物质性变化的同时，布里对于陈列作品的场所空间也有强烈的个人主张。他对作品的展示方式和摆放顺序都有严格要求，这些外在条件共同构成了作品的叙事内容和方式。正因如此，当布里应邀访问吉贝利纳新城时，城镇中无序散布的宏伟建筑和公共艺术品使他对这座城镇的身份产生怀疑，因此拒绝在此创作，转而选择残砖败瓦堆积如山的老城作为自己创作的场所。

布里的"裂纹"系列在语义和形式上与龟裂土地的联系回应了贝利切河谷的环境和地质特征。吉贝立纳位于西西里腹地，气候炎热干燥，加之土壤成分中黏土含量高，使土地容易干裂，肥力流失。每逢旱季，农田灌溉就成为大问题。可以说，龟裂的地面和对抗干旱的艰难劳作已成为世代务农的贝利切河谷人民生活的重要组成部分。在城市重建过程中，居民屡次提议修建水坝改善灌溉条件。1975 年，加尔恰大坝（Garcia Dam）终于在民众的呼声中开工；但是，它很快就成为各方势力的交易筹码，建造工作间歇停滞数年。将其中内幕公布于众的记者马里奥·弗朗西斯（Mario Francese）惨遭报复，被害身亡。经历漫长等待后，这座重要的水利工程终于在 2013 年完工。

难以改善的自然环境加剧了人口外流，这使贝利切河谷在震后近半个世纪陷入了双重的"干涸"困境。当最初的建设热潮消退，一切又仿佛回到了惯常的放任自流之中。事实上，震后的河谷一直笼罩在失望和怠惰的氛围中。在这种背景下，布里创作的大地艺术以自己都未曾预料的方式成为这段历史沉默的见证者和记录者。

《大裂纹》长约 350 米，宽近 280 米，表面呈波浪形，由 2 米宽的道路纵横划分成为边长 10 ～ 20 米的网格块（图 5）。巨大的尺度让人们难以捕捉它的全貌。从高空看去，破裂的表面如同被撕裂的大地。人们行走其中，《大裂纹》

图 5 《大裂纹》设计方案
来源：根据 Francesco Venezia. Francesco Venezia, le idee e le occasioni. Milano: Electa, 2006: 125. 重绘

更深层的意义逐渐显现：1.6～3 米高的混凝土壁并非垂直于地面，而是交错倾斜，仿佛震灾后坍塌扭曲的墙垣（图 6）。巨大的混凝土块将吉贝利纳老城作为物质整体分崩离析的瞬间凝固在同一个空间之中，同时将记忆也转换成为无法抹去的物质实体。

设计之初，布里和卢多维科·科劳都希望《大裂纹》能复原吉贝利纳老城交错的街巷；但布里在依照"cretto"系列创作手法制作模型时改变了想法。他仅依照老城中的三条主街划定了对应的主要裂缝，其余裂纹则是模型在干燥过程中自然出现的。这使《大裂纹》最终仅仅是对老城肌理的模仿而非复制。

与方案象征的历史印记相比，《大裂纹》的施工过程承载了更为实际的伤痛记忆。在清理了老城遗址中的大块残骸后，布里将遗留的残垣瓦砾和毁坏的家居用品摆放成堆，围绕这一堆堆的废墟建造模具，浇筑混凝土（图7）……吉贝利纳老城被就地掩埋，《大裂纹》划分齐整的混凝土块就是一座座凄凉的坟冢。对于"死亡"和"埋葬"的隐喻使评论家常将《大裂纹》与西欧古代葬礼的裹尸布相比。用白布覆盖尸身的传统可以追溯到古罗马时代。这种丧葬仪式与基督教礼仪相关，在西欧广为流传。在意大利早期宗教绘画中，常可见到耶稣尸身上半覆着白色麻布，一旁的圣母玛利亚无语凝噎（图8）。麻布的褶皱突显死亡的无形与苍凉，营造出极度压抑的悲痛氛围。这些表述都与《大裂纹》所承载的灾难记忆产生共鸣。

《大裂纹》中一座座冷漠的混凝土坟冢使吉贝利纳老城成为可知却不可见的意象，它们在坚定阻断恢复历史原貌的同时，彰显并促进了一种脱离物质性的抽象记忆。这种方式无疑与布里由多样材料转向单一材料的创作历程一脉相承。抽象的混凝土体块不再是被毁家园图像的具体重现，而是一种塑造这片领土新的形式及身份的表述方法。

显然，布里"残酷"的创作手法与民众对老城的情感依恋相互对立，因其最初就没有打算建立一个温和的、忧伤的"怀旧港湾"。在《大裂纹》建成之前，居住在棚户区或新城的居民常冒险来废墟捡拾遗物，辨识曾经的街道和建筑。《大裂纹》的建成不仅彻底瓦解了人们返回旧家园的可能性，也从根本上改变了吉贝利纳居民与故乡的精神联系。

不可否认，考虑到深植于老城场所中复杂的情感与历史纠葛，这片巨大的混凝土块群在许多层面上是自相矛盾的。1998年一篇发表在意大利《晚邮报》（Corriere Della Sera）上的文章对有些人将《大裂纹》优雅地称为"记忆迷宫"而大加驳斥。文章诘问道："从哪才能找到混凝土下的记忆？为什么要埋葬那些残骸？"这些问题真实反映了人们对于这件作品的困惑。除了与旧城形式大相径庭，混凝土本身也成为阻碍人们产生共情的元素——世代居住在由疏松凝灰岩搭建而成的房屋中的当地居民对混凝土这种"外来"材料相当陌生，而混凝土的稳定性和耐久性也背离了作品试图呈现的"倾倒危机"。

图 6 《大裂纹》倾斜的混凝土壁
来源：Phyrexian，https://upload.wikimedia.org/wikipedia/commons/b/b8/Gibellina_-_Cretto_di_Burri_0602.JPG

图 7 《大裂纹》中的混凝土块
来源：Phyrexian，https://commons.wikimedia.org/wiki/File:Gibellina_-_Cretto_di_Burri_0600.JPG.

图 8《埋葬》，弗拉·安杰利科 (Entombment - Fra Angelico，约 1438—1440)
来源：https://www.wga.hu/html_m/a/angelico/07/marco_p5.html.

　　使用"外来材料"埋葬"本地残骸"，《大裂纹》在某种意义上与吉贝利纳新城一样导致了"人"与"故土"的疏离。这与几公里外的萨拉帕鲁塔（Salaparuta）和波焦雷莱尔（Poggioreale）遗址形成鲜明对比：在那里，荒草覆盖着未被整理的废墟，牧人与羊群穿行于断壁残垣之间……在这些皮拉内西（Piranesi）[17] 式的景观中，人与故土的关系依然通过自然的方式延续着。与怀旧情感的对峙以及自身的逻辑矛盾使《大裂纹》难以吸引本地居民，却也同时成就了一种脱离语境的阅读方式。在经历了漫长的停工后，《大裂纹》终于在 2015 年布里百年诞辰之际完工。

　　布里生前曾坚决要求这件表达"集体创伤"的作品保持宗教性的静默，反对赋予任何实际功能，认为使用即是对这件艺术品的亵渎；但是，他对空间"去生产化"的坚持无疑加剧了萦绕在吉贝利纳老城上空的悲剧气氛。老城空间的

17　乔凡尼·巴蒂斯塔·皮拉内西（Giovanni Battista Piranesi，1720—1778），意大利画家、建筑师、雕塑家。他创作了大量有关罗马古典遗迹的蚀刻画。

图 9 开裂的混凝土表面
来源：Phyrexian. https://commons.wikimedia.org/wiki/File:Gibellina_-_Cretto_di_Burri_0581.JPG

纪念物应当封存历史，还是延续曾经的生活印记，又或是在遗迹中创造新的可能？这座无法使用的混凝土"圣所"中蕴含的矛盾折射出贝利切河谷半个世纪以来所面对的问题。讽刺的是，尽管当地居民难以使用《大裂纹》，这座"城镇墓地"纯粹洁白的几何体却为艳装华服提供了完美背景，吸引众多时尚品牌来此拍摄广告。近年来，缺乏修缮的《大裂纹》逐渐破损，最先完工部分的白色涂料也开始脱落，露出暗灰色的混凝土表面，墙壁缝隙长出的植物加剧了墙体的崩裂（图 9）。此情此景下，《大裂纹》述说的毁灭事实似乎预言了自己的命运，坍塌与衰败将再次重演……终有一日，曾经的异质和对立将随着坍塌的混凝土块与被埋葬的废墟融为一体而得到和解。到那时，这件地景艺术品与曾被掩盖的历史碎片将共同构建一幅埋葬城镇的仪式图景，展现吉贝利纳老城的领土变迁。

● 萨莱米：隔离或共生

从吉贝利纳新城出发向西北方向行进，道路两旁逐渐高耸的地势标志着已经进入西西里内陆山区。不久，萨莱米——位于马扎罗河（Fiumara Màzaro）与格兰德河（Fiume Grande）之间的古城就出现在远处的玫瑰山（Monte delle Rose）山坡之上。

萨莱米所在的阿利西亚地区（Alicia）曾是塞利农特（Selinunte）与塞杰斯塔（Segesta）城邦间的古战场，大量迦太基移民在西西里战争之后迁入此地。罗马人在公元前 272 年征服这里后统治直至 5 世纪的拜占庭帝国。公元 9 世纪，阿拉伯人为这里带来了新的繁荣，主城萨莱米的名字也是在此时期确定下来的[18]。矗立于山之巅的城堡是由西西里伯爵鲁杰罗一世（Ruggero I di Sicilia，1031—1101）在公元 10 世纪下令修建的。公元 16—17 世纪，萨莱米历经城镇扩张和改建，直至今日依然保留着环绕中心依山而建的城镇结构以及具有阿拉伯风格的街道形式（图 1，图 2）。

穿越绵延的山丘逐渐接近目的地是每个到访者对于这座城镇独特身份最初的印象。如果从山脚下沿蜿蜒小径徒步向上攀登进城，人们将会更真切地体会到这种由自然地形与人造空间共同塑造的"领土文化"。在弗朗切斯科·韦内齐亚与摄影师米莫·约迪切（Mimmo Jodice）合著的《萨莱米及其领土》（Salemi e il suo territorio）一书中，大量照片展示了震灾前老城道路两旁阿拉伯式、诺曼式，以及中世纪和巴洛克等不同时期风格的丰富建筑样式[19]。迷宫般的街道连接公共建筑和私人家宅的同时，巧妙地满足了它们对于不同空间性质的要求；高密度的生活空间、复杂的交通系统与地面坡度完美地相契合……如此杰出的古老智慧和建造成就在震后的萨莱米老城中依然可见。

如同贝利切河谷其他城镇，综合的"领土文化"与宏大的重建运动在萨莱米同样存在矛盾；然而幸运的是，尽管近一半建筑被毁，萨莱米古城在震后并未被抛弃。地区政府在北侧山脚下一片平坦地带建起的新区接收了超过 7000名居民（图 3）。新区由宽阔的林荫大道、配备私人花园的独栋别墅、中央喷

18　公元 827 年，阿拉伯人统治萨莱米。其名称有多种解释，一说是源自阿拉伯语"Salem"，意为"和平"。

19　Francesco Venezia, Mimmo Jodice. Salemi e il suo territorio . Milano: Electa, 1992.

图 1 震前的山城萨莱米
摄影：Mimmo Jodice

图 2 萨莱米老城区现状
来源：Giacomocostaphoto. https://commons.wikimedia.org/wiki/File:Salemi_panorama.jpg.

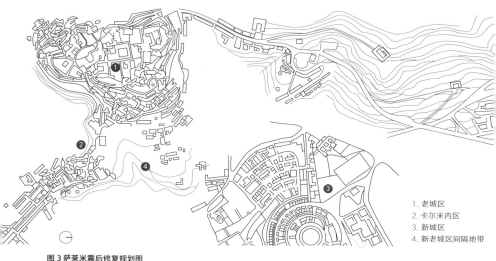

图3 萨莱米震后修复规划图
来源：根据 Pierluigi Nicolin, Quaderni di Lotus 2, Dopo il terremoto/After the earthquake, Milano: Electa, 1983: 53. 重绘

1. 老城区
2. 卡尔米内区
3. 新城区
4. 新老城区间隔地带

泉和市民广场组成。这些"现代生活"的空间模式显然是针对街道狭窄、结构
紧凑、缺乏荫蔽、地势陡峭的老城所设，它们构成了市长朱塞佩·卡西奥·法瓦
拉（Giuseppe Cascio Favara）口中的"欢乐之地"（luogo di delizie）。井然
有序的新区通过高墙与附近的山地分隔开，显示出"假日花园"对古老城镇模
式的抗拒，也因此促进了新区与老城各自独立的发展。

如果说萨莱米新区标志着"现代城市"模型的又一次生产，那么老城区的
恢复工作则记录了"八〇年工作营"在比吉贝利纳新城更加多元和复杂的状况
中的实践成果。

新区的建设以及与缺乏与老城的有效连接割裂了萨莱米城镇空间、社群身
份和居民情感之间的纽带。地区政府曾提议按照与贝利切河谷重建计划配套的
"老城区重组计划"彻底改变萨莱米老城结构，加设四车道公路，该提案因遭
到居民的强烈反对而被迫放弃。"八〇年工作营"成立后，包括阿尔瓦罗·西
扎在内的建筑师针对老城区的街道形式、建筑及其空间类型，以及新老城区之
间的过渡区域提出了详细的改造计划。他们试图恢复并保持这座古城的"领土

文化"和"考古维度"（archeological dimension）。参与改造计划的皮耶路易吉·尼科林（Pierluigi Nicolin）指出，工作营成员的设计旨在"摆脱那些未完成的重建工作中的超现实和病理状态，转而阐述一种关联性的特殊语言，以便让我们能够克服'陆地晕船'（mal di mare in terraferma）的可怕感受"[20]。

工作营成员主张将老城损毁建筑的材料融入新的建造，在现存建筑的外沿和空地中新建房屋或修补破损房屋，以填补城镇因地震产生的缺口（图4）。对旧材料的重新使用延续了老城区的空间记忆。另外，在萨莱米拥有悠久历史传统的小花园也被作为重要的修补元素。建筑师运用"独立花园"和"附属花园"填补残缺的街区，运用通过台阶相连通的"空中花园"和"下沉花园"，点缀山城高低错落的街道（图5）。为使新建设与老城风貌尽可能保持一致，阿尔瓦罗·西扎建议更新和重建工作应与老城居民，尤其是那些掌握传统技艺的工匠们紧密合作，鼓励居民参与家园建设中来。这样，不仅能使本土技艺得到运用和传承，也让人们对这座劫后余生的城镇怀有更多的责任和感情，例如在一些受损严重的街道中，人们会用石材仔细拼出与曾经路面相似的纹理（图6）……借助本土技艺进行灾后城镇建设并重塑其历史连续性的做法是贝利切河谷重建工程中难能可贵的尝试（图7—图9）。

在"八〇年工作营"的带领下，"抵抗放逐"逐渐成为萨莱米老城的复兴口号，地方政府也参与其中，将一部分历史建筑修复后用作社会住宅，另一些则改造用作旅游景点和文化场所。弗朗切斯科·韦内齐亚十分赞赏这种复兴计划所带来的特殊社会意义："这代表了萨莱米在近期历史中的一次热情尝试。它所对抗的是人口外移，不加选择地拆除，以及无视自然、场所和住区之间平衡关系的建造模式。"[21]在他看来，由国家机构制定的整体性的重建计划抹除了众多古老城镇在漫长历史中与自然景观共同发展出的和谐关系和人们的生活印记，最终将导致当地社群身份的集体迷失。对老城区古老景观的修复和尊重历史痕迹的更新不仅为居民重新"定居"提供可能，也使基于领土特征发展的传统建造样本得以保存。

20　Pierluigi Nicolin. Quaderni di Lotus 2, Dopo il terremoto/After the earthquake. Milano: Electa, 1983.

21　Bernard Huet. Salemi: A Plan of Plans // Pierluigi Nicolin. Quaderni di Lotus 2, Dopo il terremoto/After the earthquake. Milano: Electa, 1983.

图 4 新旧建筑共存于老城街道

图 5 老城陡峭地势与街道台阶

图 6 震前萨莱米老城的街道路面
摄影：Mimmo Jodice

图 7 震后残留的历史建筑和铺石

图 9 街道上为适应坡地增设的入口台阶

图 8 震后修复的老城街道

相比老城区修复，改进萨莱米新老城区之间的空白区域需要面对更多元的条件。"八〇年工作营"在贝利切河谷的首要任务即是通过修复空间连续性来重塑遭受破坏的"领土文化"。在最初的整体规划方案中，两个居住区之间的空地因坡度过大并无建设计划，除了必要道路之外，大部分土地被荒废。工作营成员认为这片中间区域不仅应承担两地功能性的过渡，其空间性质也应融合城镇与乡村的特点。

新老城区之间的一片狭长坡地为改善两地关系提供了可能。这片约 25 公顷的区域被两条城镇道路夹在中间，1973 年，政府以保护下方新区不受泥石流侵害为由将这里购下。在 1985 年举行的设计竞赛中，组委会要求建筑师将这里改造为一座城镇公园。西扎、翁格斯、维托里奥·格雷戈蒂 (Vittorio Gregotti) 都展示了自己的设计作品，同时受邀的保罗·波尔托盖西（Paolo Portoghesi）与阿尔多·凡·艾克（Aldo van Eyck，1918-1999）未提交方案。

方案评审会在 1986 年 5 月举行，格雷戈蒂的设计方案获胜。他使用了"城市化"的手法：一条由双墙围护的笔直的台阶道路贯穿整个坡地，沿道路两旁的层级台地上布置有公共活动与服务设施。在环绕的田园风光中，这条"人工纽带"巧妙地强调了地块间的功能转换，也为萨莱米创造了一种全新的"绿色公共空间"——无论在老城还是在新区，当时的绿化都仅作为点缀景观的附属物。

西扎的设计方案将重点转向强调该地块原有的农耕特色，通过种植来重现匀质的土地风貌。他同时设计了两个道路系统，为城镇特征建立了清晰的识别序列：一条笔直的上坡道路直指远处山顶的信号塔，而沿此道路布置的阶梯瀑布成为重要的景观元素。从远处望去，信号塔之下的瀑布台阶如同浮雕一般，为整个公园建立了视觉焦点。另一条道路沿场地等高线蜿蜒上行，形象地展示出公园的地形特征，而沿途设置的露天剧场则为访客提供了俯瞰整个城镇的观景台（图 10—图 12）。

与前两人方案顺应自然地形作为场地边界的做法不同，翁格斯通过连续的双层围墙围合出一座边长近 450 米、由北向南地势逐渐升起的正方形公园。巨大的场地将连接新老城区的公路都囊括其中，公路上方架设天桥供行人通行。与场地中原本顺应等高线的曲折小径相比，设计的两条相互垂直的阶梯道路展

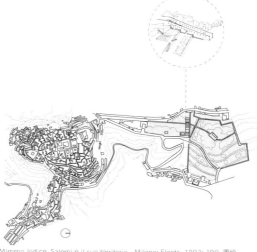

图 10 格雷戈蒂的设计方案
来源：根据 Francesco Venezia, Mimmo Jodice. Salemi e il suo territorio . Milano: Electa, 1992: 190. 重绘

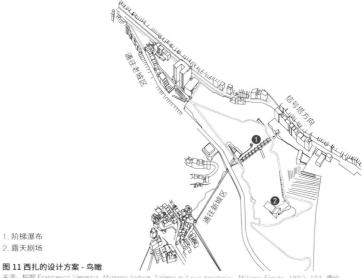

1. 阶梯瀑布
2. 露天剧场

图 11 西扎的设计方案 - 鸟瞰
来源：根据 Francesco Venezia, Mimmo Jodice. Salemi e il suo territorio . Milano: Electa, 1992: 193. 重绘

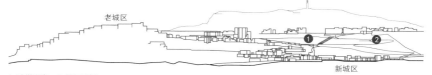

1. 阶梯瀑布，2. 露天剧场

图 12 西扎的设计方案 - 立面
来源：同上

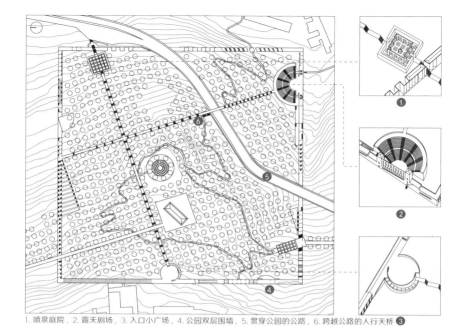

1. 喷泉庭院，2. 露天剧场，3. 入口小广场，4. 公园双层围墙，5. 贯穿公园的公路，6. 跨越公路的人行天桥

图 13 翁格斯的设计方案
来源：根据 Francesco Venezia, Mimmo Jodice, *Salemi e il suo territorio*, Milano: Electa, 1992:
192, 重绘

现出强有力的人工秩序。公园入口处建有广场、剧场或庭院等设施，而所有的
服务空间都"隐藏"在两面高墙之间约 5 米宽的通道中。他希望通过这个巨大
的人造内聚空间再现经典的"封闭式花园"（Hortus conclusus）[22] 主题，而公
园内均匀种植的树木则仿佛将人们带入了西西里传统的种植园中（图 13）。

　　与贝利切重建计划中的大部分方案一样，这项城镇公园项目最终并未实施。
工作营成员在萨莱米老城区仅留下了一些小尺度的建成作品。西扎联合罗伯托·
科洛瓦（Roberto Collovà）、努诺·洛佩兹（Nuno Lopez）及艾德瓦尔多·苏托·
德·莫拉（Eduardo Souto de Moura）对于老城中心圣母主教堂的修复性改建成

22　Hortus conclusus 为拉丁短语，字面意思为"封闭花园"，"Hortus"与"conclusus"都有"围
　　合"之意。"封闭花园"是西方园林史中的一种重要形式，也作为圣母玛利亚的重要标志。

功地使这片荒废多年的场所成为萨莱米历史、灾难和新生的讲述者（图 14）。

　　在老城城郊卡尔米内区（Quartiere del Carmine），房屋受损情况较中心区域更严重（图 15）。在韦内齐亚与马塞拉·阿普尔（Marcella Aprile）、罗伯托·科洛瓦一同制定的修复方案中，此处的坡地也被设计成由一系列台地连接的"城镇公园"。场地北侧朝向新区的高墙被切割成逐级向下的挡土墙，开设的洞口打破了新老城区之间的物理分隔。他们利用场地最高处的卡尔米内马东纳修道院（Convento della Madonna del Carmine）的残骸，在原址建造起一座俯瞰田园风景的露天剧场。这个设计标志着对于历史场所不同寻常的干预措施，完好保护了其物质、空间和时间的连续性：古老的材料被用来建造全新的建筑，面向公众的演出接替宗教仪式成为凝聚社群的力量，而剧场本身则成为山脚下的农田和山上古城之间的视觉节点。

图 14 圣母主教堂现状

图 15 从老城中心俯视卡尔米内区

　　从城镇中心教堂到郊区剧场和城镇公园，在"八〇年工作营"的萨莱米修复计划中，提升公共空间品质与延续本地农业生活传统这两项原则相互统一。在贝利切河谷建设大潮中，这种对于修复连续性和一致性的努力将有利于自下而上生长出的"领土文化"抵御现代城市模型所强加的自上而下的"重建文化"，从而帮助人们重新找回对家园土地的认同和对农耕传统的信心。

　　如今，经济衰退和人口外流使萨莱米新旧两区之间的差距逐渐缩小，这座城镇以震灾后衰败 - 恢复 - 再发展的经历书写着新的历史。相比以结果展现重建贝利切河谷计划的吉贝利纳新城，萨莱米提供了更为详实的处理"新与旧"的操作样本。这座城镇的复杂性与矛盾性不是空间性的，或至少并非源自空间，而是来自塑造了这片土地宏大历史结构的时间。从这点来看，在萨莱米的独特性中蕴含着贝利切河谷被有意或无意掩盖的普遍意义。

2.2 三座城镇的水资源开发计划

　　起伏的丘陵和绵延的农田是塑造贝利切河谷传统景观的重要元素；然而，河谷中三座别样的城镇却因不同于田园风光的资源在灾后建设计划中产生了关联。位于河谷南北两端的海马扎拉 - 德尔瓦洛和戈尔福海堡作为古老的港口城镇，希望通过新计划改善海滨空间，而内陆城镇卡拉塔菲米郊外意外发现的温泉则彻底改变了萨西新区的建设方针。在庞大的贝利切河谷重建计划中，水资源超越了传统运输和灌溉功能，承担起推动旅游发展的重要角色。当决策者和设计师们敏锐捕捉到其中潜力时，将这三座城镇联系在一起的就不仅是共同拥有的丰沛水资源，更有在此基础之上发展而出的城镇改造方案。

　　不以应对灾情为主要目的的更新和建造使这三座城镇在整个修复计划中显得"身份特殊"。远离内陆的马扎拉 - 德尔瓦洛和戈尔福海堡受地震影响很小，较内地更加发达的经济也使它们能够快速自我修复。在由国家机构制定的修复方案中，对这两座城镇仅计划增设城外交通道路以加强其与内陆的连接，而随后到来的"八〇年工作营"却将目光转向老旧的港口空间。他们对于两座城镇中水上交通和滨海区域的改造方案强化了政府计划的用意：将马扎拉 - 德尔瓦洛和戈尔福海堡打造成为贝利切河谷旅游带上的"海上门户"，接待访客并引导他们进入内陆。踞居在戈尔福海堡以南约 12 公里山区中的卡拉塔菲米古城同样未遭受地震重创。在古城 2 公里外由国家部门领导的新区建设曾一度陷入停滞，直到新区附近无意发现的温泉为工作营的设计师们带来灵感。他们将度假村模型与先期建设的路网相结合，希望在西西里内陆打造一座"温泉度假村"。

● 马扎拉 - 德尔瓦洛港口改造

　　马扎拉 - 德尔瓦洛于公元前 9 世纪由腓尼基人建立。良好的地理位置和平缓的海岸线使这里成为去往西班牙和北非突尼斯的理想出海口。公元前 409 年，这里被迦太基人摧毁后，又在希腊、罗马和拜占庭统治者的手上得以重建。公元 827 年，远道而来的阿拉伯征服者为这座海滨之城带来了近两个世纪的繁荣，使它一跃成为西西里最大的法律中心和重要的经济文化之城。如今，老城区的狭窄街道依然呈现出典型的伊斯兰城镇结构。接替阿拉伯人的诺曼统治者继续巩固了马扎拉 - 德尔瓦洛的城镇建设，城中保存至今的老教堂和城墙都大都建于这个时期，它们见证了这座城镇从伊斯兰文明向基督教文明的转变。

如今的马扎拉 - 德尔瓦洛是意大利最大和欧洲第二大渔港。得益于显著的经济地位和地理优势，一条连接马扎拉与巴勒莫的高速公路在震后很快建成通车。对于计划的制定者而言，这条快速道路的象征意义远高于其实际功效，因为就在同时，连接重灾区和沿海地区的高运量线路萨拉帕鲁塔 - 卡斯泰尔韦特拉诺铁路（Salaparuta-Castelvetrano）却未被恢复，这也成为内陆城镇修复工程进展缓慢的原因之一。

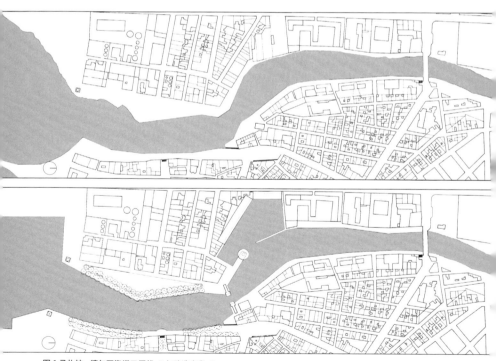

图 1 马扎拉 - 德尔瓦洛港口原状 -1 与改造方案 -2
来源：根据 Pierluigi Nicolin, Quaderni di Lotus 2, Dopo il terremoto/After the earthquake. Milano: Electa, 1983: 92. 重绘

由"八〇年工作营"成员翁贝托·里瓦(Umberto Riva)主持设计的方案旨在改造城南港口区域，使之可以适应未来的旅游发展（图1）。此处是贯穿城镇的马扎罗河入海口，曾经的内港多年前被弃用填平，无处停靠的船只拥堵在河道中。设计师计划将港口打开，重新组织水上流线，同时在河道两岸新建桥梁、增添服务设施，以此来丰富河口的空间结构与功能，使这里成为聚集访客和市民生活的中心。

改造方案沿马扎拉河道由外向内展开（图2）。矗立在河道入口的钢结构灯塔为城镇树立了新的标志，也成为分隔海域与河道的界碑。在设计图中，建筑师特意将这座灯塔与老城区主教堂广场中的圣维特（St. Vitus）雕塑并列——

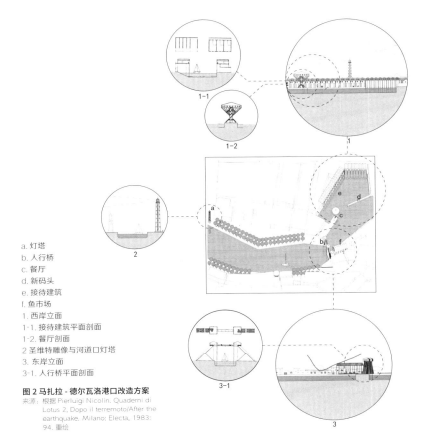

a. 灯塔
b. 人行桥
c. 餐厅
d. 新码头
e. 接待建筑
f. 鱼市场
1. 西岸立面
1-1. 接待建筑平面剖面
1-2. 餐厅剖面
2 圣维特雕像与河道口灯塔
3. 东岸立面
3-1. 人行桥平面剖面

图2 马扎拉 - 德尔瓦洛港口改造方案
来源：根据 Pierluigi Nicolin, Quaderni di Lotus 2, Dopo il terremoto/After the earthquake. Milano: Electa, 1983: 94. 重绘

古代和当代的两座"纪念碑"共存在一座城镇中，成为历史延续的见证。设计师在原先渡口位置架起一座铸铁步行桥，桥身配备可以开合的机械结构。它是两岸居民重要的生活通道，也是船只出入城镇的关卡。河道两岸高耸的三角形桥墩由凝灰岩装饰，布置卫生间等服务设施。两侧桥墩各有一对平行的细长楼梯，楼梯尽头的两座小木屋保护桥梁开合机械不受外界环境侵蚀，也让人们可以暂时借以躲避风雨。河道西岸，一座形似水塔的钢结构餐厅成为被恢复的内港码头的醒目标志。顶部巨大的圆形餐厅是整个方案引人注目的焦点，它让用餐者可以全方位俯瞰港口风光。西侧凹进的内港既保留了河道的完整性，也使游船得以停泊。内港沿岸新建的两排二层建筑提供旅游服务：上层是访客接待处和旅店，下层架空，均匀分隔成船只维修间。码头对岸，一座轻钢结构屋顶所覆盖的区域被用作新的海鲜市场，延续了马扎拉河道口的商业功能。设计师希望这座新建筑能够成为著名渔港的身份象征，同时借此在港口重塑市民熟悉的昔日生活场景。如今，一座同样功能的建筑确实坐落于此，相较原设计，其封闭、低矮的空间或许更加经济、好用，却难以实现方案预设的轻盈、高耸的屋盖对于优化河口天际线和促进两岸视线交流的功能。

● 戈尔福海堡海滨花园

尽管远离贝利切河谷的地理范围，与马扎拉 - 德尔瓦洛隔岛相望的海滨城镇戈尔福海堡（又名"卡斯特拉马雷塞德戈尔福"）同样也被列入河谷旅游发展蓝图中。戈尔福海堡依伊尼西山（Monte Inici）而建，东临拉马角（Capo Rama），西至圣维托角 (Capo San Vito)。戈尔福海堡的名称直译为"戈尔福海上要塞"，这里巨大的海陆高差形成天然屏障，易守难攻，使它成为历史上重要的海防据点。如今，这座历史悠久的城镇为人所知的原因更多是由于它是众多意大利裔美国黑手党首领的家乡。1930 年 2 月至 1931 年 4 月，数个黑手党家族在纽约发动的一系列血腥斗争就被媒体形象地称为"卡斯特拉马雷塞战争"。

戈尔福海堡早在公元前 5 世纪就是希腊人的重要港口，它曾归属于古萨莱米的顽敌——塞杰斯塔城邦，后来的阿拉伯占领者根据这里的陡峭地势将城镇改名为"al-Madari"，意为"楼梯"。阿拉伯人在凸出的岩石上建造了海堡，之后被诺曼人扩建成为城镇的重要建筑，如今这里是分隔海岸东西两侧港口的地界。海堡曾与城镇分离，仅由一座木吊桥与陆地相连。1316 年，西西里腓特烈三世（Frederick Ⅲ of Sicily）攻陷城池，海堡曾遭到严重损毁，后被重建。

　　历史上，运输业和捕鱼业曾使戈尔福海堡积累了大量财富。18 世纪之后，随着农业贸易的扩张，渔业逐渐萎缩，东港逐渐被废弃，保留下的西侧港口也仅有少量渔民使用。大多数渔民放弃捕鱼营生，迁往环境更好的城镇中心生活。沿岸废弃的住宅日渐破损，进一步加剧了海港区的衰败景象。20 世纪 60 年代，东侧海岸土层开始坍塌，政府不得已建造堤坝。从那时起，戈尔福海堡的曲折海岸线不再是联系人们生活、劳作与财富的纽带，而成为一道分割城镇与海洋的屏障。堤坝的建设为戈尔福海堡的海滨空间与居民生活带来了巨大变化。它阻隔了人们去往东部海岸的道路，同时与靠近海岸的玛丽娜迪佩德罗大道（Via Marina di Petrolo）围合出了一个最大边长近百米的三角形空地（图 3）。在很长的一段时间里，这里只有适逢节日才会搭建临时游乐场或作为马戏表演场，其余时间都被空置。

1. 海堡建筑
2. 玛丽娜迪佩德罗大道
3. 三角空地
4. 城镇花园
5. 沿街商铺
6. 堤坝
7. 步行码头

图 3 戈尔福海堡原状与改造方案
来源：根据 Pierluigi Nicolin. Quaderni di Lotus 2, Dopo il terremoto/After the earthquake. Milano: Electa, 1983: 100. 重绘

图 4 戈尔福海堡港口城镇花园方案剖面与平面
来源：根据 Pierluigi Nicolin. Quaderni di Lotus 2, Dopo il terremoto/After the earthquake. Milano: Electa, 1983: 101, 重绘

由翁贝托·里瓦主持设计的戈尔福海堡改造方案将重点放在东侧港口和临近的城镇空间，希望以此重建居民与海岸在功能和情感上的联系（图4）。设计师在原先空地的西侧建造了一座顺应地势向海岸逐级下降的公共花园。花园中交错连续的楼梯提供了充满节奏感的下行路线，其形式参考了遍布这座山城街头巷尾的台阶。翁贝托·里瓦在设计方案中恢复了花园临近街道的小商铺功能，希望借此将城镇生活中心向海滨转移；花园南端与堤坝相交，一部直行楼梯将人们接引到堤坝底部——在那里，一个步行码头为人们提供了亲近海洋的机会（图5）。该设计方案的重点在于建立一条由城镇到水面持续向下的运动路线，这不仅在形式上直观展现了戈尔福海堡的地势落差，而且能使居民在每一次海滨漫步中都亲身感受到城镇地理与景观的综合特征。

事实上除新建码头外，翁贝托·里瓦的方案并没有对海滨空间的结构做出更多的改变，他的工作在于发掘并强化戈尔福海堡沿岸区域那些固有的、容易随着时间流逝和城镇中心转移而被弱化的特质。认识到这一点，我们就会理解维托里奥·格雷戈蒂对这个设计颇具深意的评论："里瓦为卡斯特拉马雷塞的墙（堤坝）所做的工作建立在对于一种前提条件的接受上，即使这种条件是负面的。

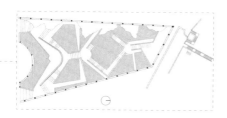

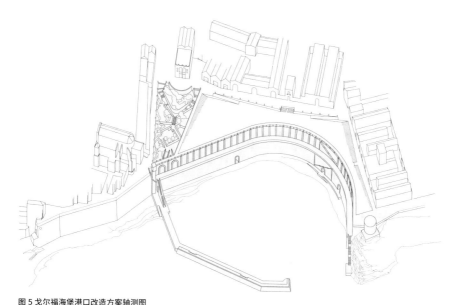

图 5 戈尔福海堡港口改造方案轴测图
来源：根据 Pierluigi Nicolin. Quaderni di Lotus 2, Dopo il terremoto/After the earthquake. Milano: Electa, 1983: 102. 重绘

里瓦曾明确表示，他确认这项工作是'无用'的，但它将在一种矛盾的现实中展现价值，并且重新发掘这堵墙在空间结构上的意义。"[23]

● 萨西新区温泉度假村

位于贝利切河谷中部丘陵地带的卡拉塔菲米，与卡拉塔梅特（Calathamet）和卡拉塔巴罗（Calatabarbaro）曾是塞杰斯塔在公元 5 世纪解体后分裂而成的三座小城镇，只有卡拉塔菲米存留至今。在西西里岛酋长国时期（公元 827—1061），卡拉塔菲米是西西里穆斯林的生活中心之一，及至 12 世纪，这里成为西西里王国中人口密集的重镇，也是皇家庄园的一部分。卡拉塔菲米先后经历了西西里历史上的两次大地震，在 1968 年震灾后，政府决定在老城东南方向约 2 公里处的农耕平原上建立新区。

与吉贝利纳新城一样，萨西新区规划具有清晰的几何构图（图 6）。政府最初计划在这片直角三角形的土地上建造大量安置房和配套设施，并为迁入的居民提供工作岗位；但是，开工多年后，除为待建住宅区配备的地下管道、照明设施、人行道和宽阔的马路外，房屋建设几乎没有任何动工迹象（图 7）。工程的停滞使仅有基础建设的萨西新区无法使用。就在人们认为新区要遭到弃用之时，附近无意发现的温泉为这座小城带来了新的转机，一座度假中心的建设计划也应运而生。

"八〇年工作营"成员布鲁诺·米纳迪（Bruno Minardi）和马西米利亚诺·卡萨维奇亚（Massimiliano Casavecchia）制定的新区建设方案目标在于依照现有路网建立清晰的功能区块，以打造一座"温泉度假村"（图 8）。设计师将城镇北侧边缘一条长约 1 公里的笔直公路定为交通干道。这条道路向西与卡拉塔菲米老城相连，向东延伸至省际高速公路。在干道南侧，旅馆、餐厅、游乐厅、商店和露天影院等公共娱乐设施一应俱全，形式各异的建筑物组成了一条连续的"城镇立面"，白天与枣椰树呼应，夜晚与霓虹灯相伴。主路东侧入口，一间横跨道路的烧烤餐厅成为新区的标牌，向来往访客尽情展示着这座不夜城

23 Umberto Riva. Castellammare: a dyke on the coast // Pierluigi Nicolin. Quaderni di Lotus 2, Dopo il terremoto/After the earthquake. Milano: Electa, 1983.

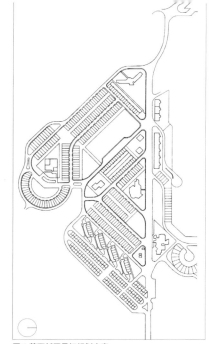

图 6 萨西新区最初规划方案
来源：根据 Pierluigi Nicolin. Quaderni di Lotus 2, Dopo il terremoto/After the earthquake. Milano: Electa, 1983: 107. 重绘

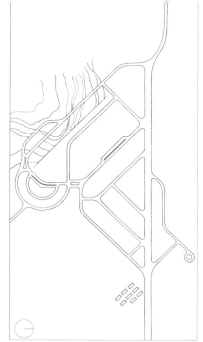

图 7 萨西新区前期建设的道路网
来源：同上

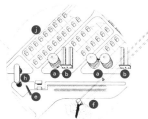

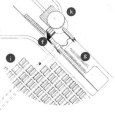

a. 酒店，b. 住宿设施
c. 商店，d 电影院
e. 钟楼，f. 缆车
g. 停车场，h. 烧烤餐厅
i 工作人员与居民住宅区
j. 花园别墅区，k. 温泉中心

图 8 萨西新区温泉度假区改造方案
来源：根据 Pierluigi Nicolin. Quaderni di Lotus 2, Dopo il terremoto/After the earthquake. Milano: Electa, 1983:108. 重绘

的活力。在这些服务设施后方呈 45° 布置的是两片住宅区块：东侧是提供给访客的花园别墅群，西侧是工作人员与居民的住区。新区西南角地势隆起的区域是整座度假城的核心所在——庞大的温泉水疗中心就坐落于此。这座高耸的综合体建筑在地势平坦的城镇中格外引人注目，它与城镇东北角小山丘之间的观光缆车线路横跨了整个新区。温泉中心不仅向游人提供娱乐服务，同时也是新区的生活中心，市政部门、学校、幼儿园和商场都围绕这座建筑布置。在这些设计井然的功能区块之外，规划设计图中其他的空白区域将在未来被花园和大型广场所占据。

与贝利切河谷大部分城镇的改造计划一样，美好的愿景并没有为萨西新区带来多彩的未来。如今，这座小镇依然按照意大利社会住房研究所最初制定的方案建造：整座新区几乎没有任何大型公共设施，住宅和小商业建筑紧密地填充在路网之中，最大程度吸纳从老城迁入的居民。曾经梦想成为贝利切河谷度假娱乐中心的新区如今仅是一片与主城分离的"卫星安置所"而已。

马扎拉 - 德尔瓦洛、戈尔福海堡的区域改造和萨西新区温泉度假村方案最终都只停留在图纸上。如果说前两座城镇的区域更新计划或许会对复兴老旧港口起到推动作用的话，那么萨西新区从农业和住宅用地向旅游度假功能的彻底转变则可能给当地经济和居民生活带来难以预料的后果。除去各自特殊的因素，这三座拥有水资源的城镇未能实现"八〇年工作营"改造计划的根本原因在于贝利切河谷从来都不具备开发完善旅游产业的条件。宏大的河谷重建计划试图在各个城镇的经济、文化、公共管理、居民生活等方面建立起协调统一的均衡状态，这种广泛的一致性更被作为未来发展旅游带经济的重要基础。因此，当河谷的建设工作半途而废时，相比萨莱米老城区和吉贝利纳新城旨在解决灾后问题而得到部分实现的建设计划，马扎拉 - 德尔瓦洛、戈尔福海堡和萨西新区为应对未来旅游业发展的改造方案的落败成为必然。这从侧面揭示出河谷重建计划整体性失败的根源所在：当基本民生问题尚未得到有效解决时，当城镇的"领土身份"和"历史讲述"仍处于危机时，美好的旅游计划和商业愿景终将是无本之木。

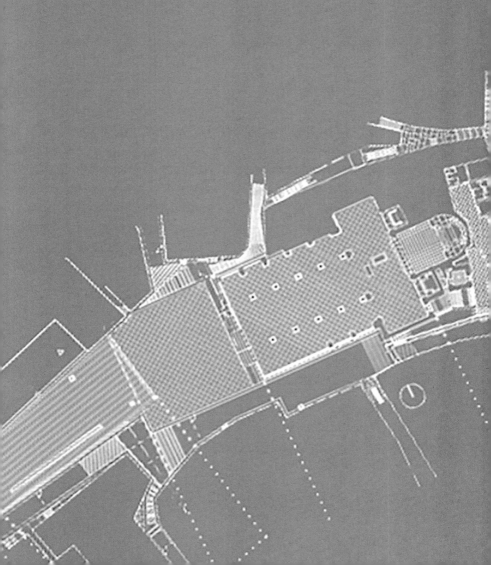

3.1 一场历经十年的思辨

佛朗哥·普里尼
来源：Emanzamp, https://commons.wikimedia.org/wiki/File:Franco_Purini_01.JPG

劳拉·塞梅斯
来源：http://diarc.unina.it/index.php/20-in-evidenza/551-lectio-magistralis-laura-thermes

佛朗哥·普里尼是意大利 20 世纪最重要的建筑师和建筑理论家之一，1941 年出生于罗马，1966 年进入罗马第一大学（La Sapienza）学习建筑。1971 年毕业后，普里尼先后任教于威尼斯建筑大学（Università IUAV di Venezia）与罗马第一大学。从 1966 起，他与同为建筑师的妻子劳拉·塞梅斯（1943 年生于罗马）结为职业伙伴，成立"普里尼-塞梅斯事务所"。他们与包括毛里齐奥·萨克里潘蒂（Maurizio Sacripanti）和维托里奥·格雷戈蒂在内的众多建筑学者保持长期合作。他们的重要作品包括吉贝利纳新城广场系统（1982）、药剂师之家（Casa del farmacista，1980）、那不勒斯住宅区（1983）、罗马 Torre Eurosky 摩天楼（2013），以及一系列临时建筑，例如罗马科学剧场（（Teatrino Scientifico，1979），1985 年"米兰三年展"入口大门等。除建筑实践外，二人丰富的理论研究和对于建筑图像表现的深入探索对于理解 20 世纪后半叶意大利的建筑发展具有重要意义。普里尼与塞梅斯的著作包括《场所与项目》(*Luogo e Progetto*. 罗马，1976)、《环绕影线：超越城市建筑》（*Around the Shadow Line: Beyond Urban Architecture*. 伦敦，1984)、《佛朗哥·普里尼：七种地景》（*Franco Purini: Sette Paesaggi : Seven Landscapes*，米兰，1989)、《建筑构成》（*Comporre l'architettura*. 巴里，2000）等。作为思考的重要媒介和表达，普里尼创作的大量概念图和建筑表现图被众多博物馆和美术馆收藏。

作为 20 世纪意大利著名的建筑师与建筑理论家，佛朗哥·普里尼与劳拉·塞梅斯早在"八〇年工作营"成立之前就参与贝利切河谷的重建工作中；但真正实现的设计作品——1980—1990 年十年间先后完成的两座小型独立住宅和一个庞大的步行广场系统——都集中在吉贝利纳新城中。这三个作品建立了一个连续的实践脉络，展现出普里尼与塞梅斯面对贝利切河谷重建计划与新城十年变化的批判性思考。研究、对比这些作品将为我们提供更加具体的信息，借以理解建筑师在特定社会和空间环境变迁中对建筑设计的意义、目的、责任和服务对象所做的调整。具体的设计语言和作品讲述将带领我们回溯设计者十年间未曾停止的思辨。

鉴于此，本节不以时间作为行文顺序，而以项目类型作为线索，第一部分讨论建于十年首末的两座住宅，第二部分转向新城步行广场，以期在阐述三个作品独特品质的同时建立对比性阅读。

● **居于新城：药剂师之家与皮雷罗之家**

（1）**药剂师之家**　自 20 世纪 70 年代起，住宅便成为普里尼与塞梅斯建筑实践和研究的重要主题。他们初期完成的方案设计包括罗马郊外的住区项目——卡塞尔德帕奇（Castel di Decima）的公寓楼改造等。在这些早期设计中，普里尼与塞梅斯努力探索清晰且具有启发性的住宅形式，以此作为思考现代主义对建筑学和人们生活影响的切入点。他们在 1975—1976 年设计的混凝土玻璃亭方案（Padiglione in cemento e vetro，图 1）成为其部分思考的理想化体现。基于对密斯·凡·德罗 20 世纪 40 年代范斯沃斯住宅"玻璃房"与"立柱森林"图像的再现愿望，普里尼与塞梅斯使用基本的几何语言生成建筑，通过古典构图形式确定建筑元素之间的比例和相互关系，同时暗示建筑的结构逻辑。这种古典秩序与现代材料的融合创造出具有抽象历史主题和秩序语言的建筑形式，而建筑与复杂地形的契合验证了它在真实环境中的合理性与有效性。

普里尼与塞梅斯的研究在 20 世纪 70 年代末从住宅进一步延伸到其他类型项目中。1979 年完成的罗马科学剧场（图 2，图 3）是一座由三面墙围合、综合了舞台与看台功能的公共建筑。正立面与舞台周围墙壁上的门窗相互对称，

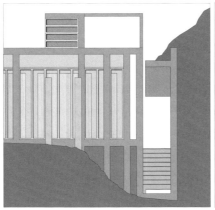

图 1 混凝土玻璃亭方案
来源：根据 Franco Purini, Franco Purini, le opere, gli scritti, la critica. Milano: Electa, 2000: 12. 重绘

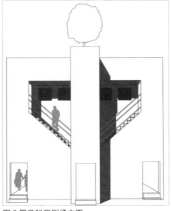

图 2 罗马科学剧场立面
来源：根据 Franco Purini, Franco Purini, le opere, gli scritti, la critica. Milano: Electa, 2000: 153. 重绘

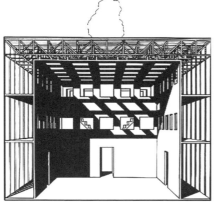

图 3 罗马科学剧场舞台透视
来源：根据 Franco Purini, Franco Purini, le opere, gli scritti, la critica. Milano: Electa, 2000: 152. 重绘

图 4 摩德纳圣卡尔多墓园中宏大的骨灰堂

整座建筑如同一副剥离了日常生活内容、有待填充的住宅"骨架"。内外两层墙体之间布置交通空间，人们可以透过窗子俯瞰舞台。于是，三边围合、一面开敞的舞台成为一个嵌套在建筑之中的室外空间。舞台墙壁和屋顶的均匀窗洞让人联想到阿尔多·罗西在摩德纳圣卡尔多墓园中设计的骨灰堂（图4）。不同的是，罗西通过完整的围合形式建立起强大的纪念性体量，成为保卫逝者的"光的纪念堂"，而科学剧场则以"未完成"的形式和复杂的内外关系创造了一系列临时的、模糊的空间。这个半开放的表演与观演场所包含了城镇与建筑、结构与表皮、室内与室外、戏剧与现实、个人与集体等多重相互交叉的意义。唯有通过戏剧事件和表演行为的介入，才能使这个巨大的"空置"场所以一种明确的方式被使用并且得以解释。

1980年年初，经卢多维科·科劳介绍，吉贝利纳新城的药剂师伊格纳西奥（Ignacio）夫妇委托普里尼和塞梅斯设计一座兼具工作室功能的独立住宅，名为"药剂师之家"（图5，图6）。两名建筑师将吉贝利纳新城的建设环境与西西里本土建造传统相结合，成就了这座家宅与新城的之间的特殊对话。

图5 药剂师之家

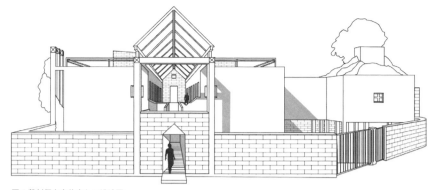

图 6 药剂师之家住宅入口设计图
来源：根据 Pierluigi Nicolin. Quaderni di Lotus 2, Dopo il terremoto/After the earthquake. Milano: Electa, 1983: 31. 重绘

　　普里尼和塞梅斯认为贝利切河谷重建工程的落败在一定程度上是由于最初计划的仓促施工造成的。草率的设计和寄希望于现代技术加快工期的做法违背了当地传统的建造方式。在他们看来，尽管放缓施工速度会与业主意愿相悖，却能给建筑带来更多可能性。建筑师可以反复推敲设计而不用为完成进度采用"习惯性"做法，从而避免批量生产导致的"平淡无奇"的建筑与城镇景观。

　　业主的信任使药剂师之家项目得以缓慢推进，从设计到建成共计耗费 8 年时间。这期间普里尼和塞梅斯共创作了 15 版方案，最终建成的药剂师之家汇总了两名建筑师漫长且连贯的研究与思考。

　　虽然经历多次修改，药剂师之家的总体布局基本未变（图 7）。平行的两组建筑体量沿着作为公共区域的东南 - 西北向主轴线展开。在最初方案中，中央空间通过平台组织两侧的建筑体量，第二版中则变成由位于二层的玻璃顶长廊将两侧相连，该做法被保留到最终版并实施。通过一个连续笔直的中央通道，普里尼和塞梅斯确立了药剂师之家轴对称的基本模式。它在形式、流线和空间上对服务于不同功能的两侧部分做出区分，同时在建筑内部提供了一片共享阳光的区域。以一个公共轴线作为建筑空间和功能的分割元素，类似做法也体现在他们同时期未建成的吉贝利纳帕蒂住宅设计中（图 8）。

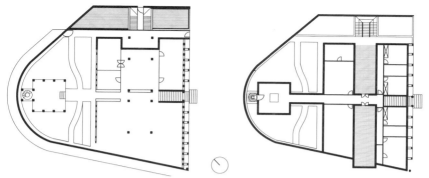

图 7 药剂师之家的最终方案·底层与一层平面图
来源：根据 Franco Purini, Franco Purini, le opere, gli scritti, la critica. Milano: Electa, 2000: 16, 17. 重绘

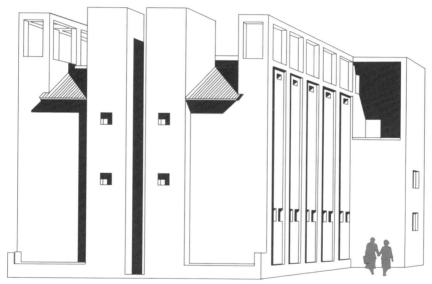

图 8 帕蒂住宅方案
来源：根据 Francesco Moschini, Franco Purini e Laura Thermes: Progetto interminabile. Casa Patti a Gibellina. Domus, 1984(656): 17-21. 重绘

　　除了将两个平行体量连接为整体之外，这条贯穿建筑的通廊与南北方向的另一条交通轴线共同建立了作为药剂师之家平面布局原则的正交结构。作为整座建筑的中心，轴线交点与正交系统一起成为住宅室内功能、交通流线，以及与外部场地关系的决定性元素。除此之外，普里尼与塞梅斯还将正交秩序外化成为整座建筑的一个醒目符号。通廊向东北方向延伸出建筑体量，成为主人生

第 3 章 多义的建筑

活区的入口楼梯间，向西南则略微凸出建筑主体，并且以坡顶和三面窗子的对称形式构成了一座悬于药店入口上方的"微缩住宅"（图9）。这个凸出元素与后方墙面的非平行关系揭示了场地边界与由建筑轴线组成的正交系统之间的非统一关系。普里尼和塞梅斯一方面顺应场地边界布置建筑主体，另一方面保证通廊端头的形式遵照正交法则。建筑与场地在平面的错位关系延伸至立面，突出元素和背景之间隐隐存在的分离趋势述说着"预先存在的"与"后来建立的"秩序之间未经调和的关系。西南立面的图像化表达巧妙展示了他们对建筑内在布局逻辑、外部形式和场地之间关系的理性思考。设计师意识到这个立面构成形式所依据的平面错位难以从建筑外部被知晓，因此通过材料建立了一套帮助人们找寻其形式生成逻辑的线索："微缩住宅"的素色砂浆表面与建筑主体一致，后方墙壁的砖材则与场地围墙统一。材料的区分对应了各自独立的建筑秩序和场地条件，同时也象征着现代技术和传统工艺，这为药剂师之家的表达加入了时间的维度。

药剂师之家西南立面不仅是系统性错位的发展结果，也是建筑向街道传达意义的重要媒介。"微缩住宅"的完整形态和轴线位置使它具有了正面性（frontality）特征。对称构图犹如一副"面庞"，既是药店的独特标志，也让过往行人对它的意义和内部功能感到疑惑。意大利建筑理论家詹尼·阿卡斯托（Gianni Accasto）认为药剂师之家与阿道夫·路斯（Adolf Loos）在1926年在为诗人特里斯唐·查拉（Tristan Tzara）设计的巴黎蒙马特住宅之间具有某种相似性[24]（图10）。建筑的拟人化图像与正面性相互融合，成就了药剂师之家西南立面在整个项目中的代表性地位。

比较早期的第二版方案（图11），虽然该图着重表达了建筑东北侧通廊从与建筑主体平齐到突出建筑体的发展过程，但我们仍可从中看出普里尼与塞梅斯对于汇集复杂信息的西南立面的设计推演。长廊的西南端与建筑立面平齐。两侧墙面的凹陷强调了其独立性和在建筑中所处的中轴地位，这两处凹陷成为立面墙体与长廊之间的过渡区域，不仅使长廊隶属建筑主体这层关系从外部可读，也向城镇空间展示了建筑的边缘厚度。类似的操作还可见于帕蒂住宅方案。然而，在最终版的实施方案中，药剂师之家西南立面被一整片墙板所覆盖。单

———
24   Gianni Accasto . Le case nella casa/Home in the home. Lotus international(40), 1983.

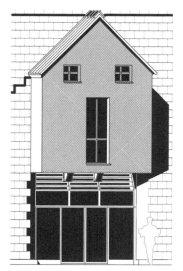

图 9 药剂师之家西南侧立面
来源：根据 Franco Purini, Laura Thermes. Dittico Siciliano, due case a Gibellina. Melfi: LIBRiA, 1999: 25. 重绘

图 10 查拉住宅
来源：MOSSOT, https://commons.wikimedia.org/wiki/File:Paris_18_-_Maison_Tristan_Tzara_-1.JPG.

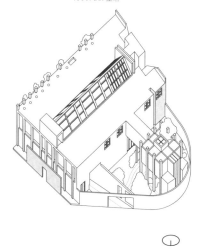

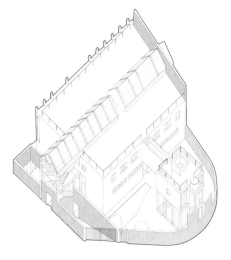

图 11 药剂师之家第二版方案（左）与建成方案（右）轴测图对比
来源：根据 Franco Purini, Laura Thermes. Dittico Siciliano, due case a Gibellina. Melfi: LIBRiA, 1999: 17. 重绘

薄的墙板延伸出屋面，将通廊顶部分割为后方采光天窗和前方"微缩住宅"的坡顶。垂直贯通的薄墙使通廊与建筑主体的关系在立面的表现中发生了本质改变：二者的形式关联从建筑外部被切断，薄墙从视觉上压缩了建筑的体量感，平坦立面退居为背景，衬托"微缩住宅"的凸出体量。

在最终版方案中，消除墙面凹陷的做法反映出建筑师放弃了对通廊和立面墙体关系所进行的折中化处理，转而通过密实的墙面将信息隐匿于建筑内部。如此的操作将建筑内在秩序和场地条件的不统一关系进一步抽象为"体"与"面"的对立，并使二者间的张力最终激化成为通廊"穿破"薄墙边界的戏剧性场景。

普里尼和塞梅斯对于药剂师之家西南立面的复杂操作展现了他们对于建筑外部形式和内部空间功能分别进行独立表达的设计手法。这种尝试可以视为两人为 1980 年第一届威尼斯双年展所作《最新的街道》（*Strada Novissima*）作品的延续（当时共有二十名建筑师参加了这个由建筑理论家保罗·波尔托盖西发起的活动）。他们按照真实比例制作了一条虚拟街道，使用纸板在"街道"两旁制作形式杂糅、风格并置的建筑立面，并以此为基础提出"重回街道"的概念。在这件作品中，立面是建筑的仅存元素，也是组成街道景观的唯一单元。由此所引发的对建筑"内"与"外"关联性的质疑和探讨使《最新的街道》成为后现代主义的"城市宣言"，它也真实呈现了普里尼和塞梅斯在吉贝利纳进行建筑实践时的社会背景。

药剂师之家东南侧柱廊由十根高柱和三根半高柱组成（图 12），这种形式在设计之初就已确定。柱列在结构上没有支撑作用，与墙面狭窄的间隔也让人难以在其中穿行。普里尼与塞梅斯将柱廊作为象征性元素，将古典建筑的符号意义和怀旧情感置入抹除历史印记的新城街区中。这种对于不同类型元素的杂糅和并置与前文所述的后现代背景不无关联。作为对于现代主义城市功能化的图景回应，柱廊与中央台阶抬起的狭窄入口共同勾起了人们对于某种历史空间秩序和建筑类型的记忆。

住宅西北侧，两层高的工作室从建筑主体中分离出来，二者通过空中走廊连接。脱离地面的方盒子工作室是建筑两条轴线中唯一没有与街道连通的端头，

图 12 药剂师之家西立面与南侧柱廊

围绕螺旋楼梯的梁柱框架保证了建筑正交秩序的完整性,同时也与弧形围墙产生形式上的对立。从这点上看,工作室和"微缩住宅"立面拥有相似的意义,它们都展示了建筑师在处理建筑秩序与场地条件时的明确态度:并置的独立性被抽象为清晰的几何对立,形式对比作为一种将建筑内部逻辑外现并置入城镇景观的手段,最终促成了药剂师之家对于自我身份的"主动言说"。

(2)**皮雷罗之家** 药剂师之家建成几年后,普里尼和塞梅斯接受皮雷罗兄弟委托,在一街之隔的场地设计建造另一座住宅——皮雷罗之家(Casa Pirrel-lo),于1990年完工(图13)。药剂师之家与皮雷罗之家类似的体量和空间构成让前者成为阅读后者的绝佳参照。在吉贝利纳新城的交叉路口,两座家宅的隔空对话反映出普里尼和塞梅斯对于住宅与新城在形式与意义上的关联,以及如何让人们能够真正居于新城等问题跨越十年的思考。

图 13 皮雷罗之家沿城镇主街一侧

对这两座建筑进行比较性阅读的意义在于呈现了建筑师特定设计概念的发展与变化，以及对待相似问题的不同回应方式。药剂师之家的各个立面由各具特色和象征意义的元素并置而成，它们建立的碎片化讲述方式使得人们对整座建筑进行统一阅读变得困难。同时，建筑的四个立面都试图与城镇取得唯一的对应关系，从而造成了一种矛盾现象：尽管整座建筑的平面与形体在物理层面被正交系统与中心点所控制，却在与外部环境建立意义传递的过程中呈现出积极的扩张趋势。与此形成鲜明对比的是坚固内敛的皮雷罗之家（图 14）。在设计方案中，建筑师在梯形场地的东侧和南侧分别设计有室外花园和一座圆柱形塔楼，但因资金问题一直拖延到 2019 年塔楼才开始施工，现已基本完成。建成的建筑主体位于城镇东西方向的主街旁，这条道路连接着市政厅与孔萨格拉未完工的剧院。皮雷罗之家方盒子般的建筑体量并没有像药剂师之家那样表现出对于场地形状的积极回应。建筑主体被一道"裂缝"横向分成两部分：东侧楼梯间和西侧居住空间，二者通过东西向的空中廊道相连接。与罗马科学剧场设计类似，建筑师将楼梯包裹在墙体之中，使其展示出明确的体量意义。拥有独立和完整形式的楼梯间因此获得了与建筑主体对等的身份。

"裂缝"顶部虽被屋顶覆盖，却是一条具有强烈指向性的"公共通道"（图15）——建筑师将其朝向建筑北侧的城镇主街敞开，成为一条路人可以进入并穿越住宅的通道。尽管一层门厅保证了楼梯间和居住空间对于安全与私密的要求，但将城镇的公共空间渗入甚至贯穿私人住宅的做法依然颠覆了人们对于此类建筑的认知，同时也与药剂师之家建立的"连续边界"相对立。独立的楼梯

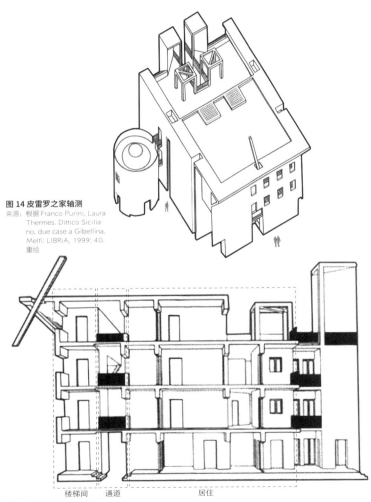

图 14 皮雷罗之家轴测
来源：根据 Franco Purini, Laura Thermes. Dittico Siciliano, due case a Gibellina. Melfi: LIBRiA, 1999: 40. 重绘

楼梯间　通道　　　　居住

图 15 皮雷罗之家剖透视
来源：根据 Franco Purini, Laura Thermes. Dittico Siciliano, due case a Gibellina. Melfi: LIBRiA, 1999: 30. 重绘

间和空中廊道为居住者提供进出住宅的"私密流线"，地面则向所有路人开放。公共与私密的行为既共存又相互隔离，使"裂缝"成为皮雷罗之家一道意义模糊的界面。

在主街另一侧，与皮雷罗之家正对的是翁格斯此之前已完成的联排集体住宅。四个带阶梯的巨大门洞提供了连接城镇主街与建筑后方广场的通道。尽管没有直接证据表明普里尼和塞梅斯受到翁格斯影响，但贯穿两座住宅建筑的通道具有相似作用：这是在新城基于车行的大尺度道路系统中加入的服务行人的"小巷"，所有市民都能够体验和"使用"这些建筑，从而使其具有更大的公共价值和社会意义。

住宅平面图可以帮助我们明晰"裂缝"对室内空间和功能使用产生的意义（图16）。建筑师在四层的居住空间中使用基本一致的对称布局来满足两个不同家庭的使用要求。连接楼梯间与居住部分的廊道确定了住宅的"长轴线"。建筑西立面的对称分割从外部展示了内部轴线的存在（图17）。尽管不像药剂师之家将轴线转化为一条贯通建筑的实际空间，皮雷罗之家的长轴线依然是制定空间秩序、分隔两侧居住区域的重要元素。独立的楼梯间使建筑余下部分成为纯粹的起居空间，最大程度地保证了每户家庭的独立性与私密性。考虑到大家庭中不同的使用人群，建筑师进一步将建筑中的公共空间和属于每户家庭的私密区域相分离，这与药剂师之家在一个整体空间中区分工作室和居住区域的做法存在本质差别。从这点上来看，皮雷罗之家具有集体住宅而非独户住宅的特征，这也为理解它与翁格斯住宅相似的公共意义提供了线索。

皮雷罗之家居住部分的平面具有清晰一致的构成逻辑：两组由四个小房间组成的正方形组群既是结构核心也是空间的组织核心。它们之间的通道成为住宅的"短轴线"，在建筑立面上表现为南北两侧对称的凹槽。尽管没有药剂师之家对于轴线的形式化强调，皮雷罗之家长短轴线建立的正交系统表现出对建筑内部流线组织和空间划分更加严格和精确的控制。

皮雷罗之家以纯白的外墙摒弃了药剂师之家多样的材料组合，这种反差成为人们初见这两座建筑时最强烈的感受。单一的材料和颜色巩固了建筑的整体性，它与各个立面克制的形式变化都让对皮雷罗之家的连续性阅读成为可能，

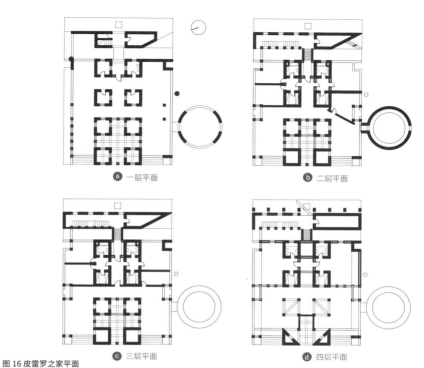

ⓐ 一层平面   ⓑ 二层平面

ⓒ 三层平面   ⓓ 四层平面

图 16 皮雷罗之家平面

来源：根据 Franco Purini, Laura Thermes. Dittico Siciliano, due case a Gibellina. Melfi: LiBRiA, 1999: 28, 29. 重绘

图 17 皮雷罗之家西立面的对称构图

第 3 章 多义的建筑

图 18 皮雷罗之家东立面

而材料性的去除同时弱化了对建筑构造的表达。药剂师之家立面中各式材料的交接与层叠方式，不同构件的组合、联系或并置所产生的复杂意义成为整座建筑身份讲述的重要部分，而皮雷罗之家则转向了结构性表达，例如"公共通道"入口有圆柱支撑的墙板、暴露的楼梯下沿、楼梯间顶部和侧边夸张的斜撑柱等。数量有限的纤细结构保留了皮雷罗之家的建造痕迹，一致的力学逻辑也成为贯通建筑内外的统一语言，这与药剂师之家图像化的表达形成反差。

　　建筑师对于皮雷罗之家"正面性"的营造同样引人注目。楼梯间东立面的规则开窗成为住宅面向城镇界面的重要特征，出挑的屋顶则给予整座建筑明确的方向性（图 18）。事实上，在设计之初，普里尼与塞梅斯曾设想利用这两座家宅与市政厅、剧场以及新城教堂的透视关系，将它们塑造成进入城镇中心的"内门"（inner door）；但之后在场地周围未按计划实施的建设破坏了原本的空间格局，使该设想最终落空。

在这副东向的建筑"面庞"中，最引人注意的莫过于在均匀排布的八根斜撑柱中央一根犹如从天而降、穿透屋顶的杆件。这根构件比之药剂师之家的"微缩住宅"更加让人难以理解。它脱离正交系统，背离力学规则和实用意义，成为住宅中一个"多余的""不可能的"和"无法控制"之物。它与规则的斜撑柱组成包含建立与破坏、规则与反常、集体与个体的对立讲述。秩序性在此处呈现出的"纠偏"倾向赋予这组结构强大的张力，异质杆件表现为处于即将被扭转或坠落的瞬间。如此激烈的情境使整座建筑似乎陷入一种持续的动荡和危机之中。

我们不得不佩服普里尼与塞梅斯的巧思和勇气。他们仅凭借一根构件就与整座建筑贯穿内外保持的合理性、稳定性与秩序（斜撑结构尽管夸张却也是合理的）建立了强烈的对立关系，似乎建筑师毫不在意在自己的创作完成之时又亲手将它毁掉一样。高悬于皮雷罗之家顶端的"异物"带来了多样解读：它也许是对散落在吉贝利纳新城四处的先锋艺术品的回应，又或者是对已习惯新城冷漠风景居民的一种刺激……但一点可以确定，那就是它对于统一和契合的关系、合理和既定的认识、完整和圆满的计划，以及理所应当和习以为常之物的背离，而这些都曾是吉贝利纳新城建立的愿景。从这个意义上来看，相较药剂师之家，皮雷罗之家以一种更加抽象的语言建立起自身面对新城的批判姿态。

明晰药剂师之家与皮雷罗之家既相互对立又互为补充的辩证关系是观察它们的必要途径。前者建立的历史隐喻和构造印记既是后者形而上语言和结构表达的有效依据，也是理解二者设计推演的基本思路。对任何一名建筑师而言，能在自己作品之间建立互文都是难得和珍贵的。两座家宅组合而成的空间和建造整体展示了建筑师有迹可循的思辨过程，这包括且不限于对于建筑本体知识的探索（基于轴线秩序发展出多样化的空间组织潜力）、对住宅公共价值和人们行为的思考（在新城特殊的社会背景和文化条件下对住宅建筑身份和居住方式的重新定义），以及对根植于贝利切更新计划中反历史态度的批判。普里尼说："建筑是杰出的建造，是想法的建造，是方案的建造，是房子的建造，也是城镇的建造。"药剂师之家与皮雷罗之家便是基于如此理念的产物，它们深植于新城中心，却与"现时"境况保持距离，时刻为这座城镇提供"不合时宜"的参照。

● 城镇舞台：吉贝利纳新城广场系统

我们必须创造界面，因为这里盲目建成的联排住宅将与广场相连。我们需要使广场变得宜居，通过创造连廊，使广场与那些已存在或未建成的住宅相互适应。同时，根据卢多维科·科劳的愿望，它应该成为剧场式的空间。[25]

——劳拉·塞梅斯

　　药剂师之家向南一个街区距离的菲涅斯特山路（Viale Monte Finestrelle）和安德烈·费诺基亚罗·阿普尔大街（Viale Finocchiaro Aprile）之间，坐落着吉贝利纳新城广场。准确来说，这是一条东西走向的线性公共广场系统（Sistema delle Piazze）（图1）。该方案由普里尼和塞梅斯在1982—1990年间设计并建造。原方案由五个小广场串联而成，形成一条"铰链式"的连续步行空间。它们与两旁的双排住宅单元宽度相当，彼此被城镇街道分隔（图2）。五个广场的名称均取自西西里岛的地名或历史事件，由西向东分别是：波尔特拉·德拉·基奈斯特拉广场（Piazza Passo Portella delle Ginestre），纪念1947年在西西里城镇皮亚纳德利亚尔巴内西（Piana degli Albanesi）由分离主义者和匪帮策划的屠杀事件；西西里自治广场（Piazza Autonomia Siciliana）；吉贝利纳山脉广场（Piazza Monti di Gibellina，后简称"山脉广场"）；西西里工人联盟广场(Piazza Fasci dei Lavoratori，后简称"联盟广场")，该联盟起源于1889—1894年间在西西里兴起的无产阶级运动；1937年6月26日起义广场（Piazza Rivolta Del 29.06.1937，后简称"起义广场"）。

　　连续的广场系统如今仅建成东侧的三个部分（c-e）。它们拥有相似的空间形式，且宽度均为20米。平整笔直的广场地面由黑色火山石与白色石灰华铺就，展示出传统的地中海地面装饰风格。铺地图案形成的网格为三个广场确定了清晰统一的模数标尺。广场两侧连续的双层门廊使用产自当地的黄色马扎拉凝灰岩建造。一层门廊跨度对应模数化的铺地图案，均匀开设的门洞为居民提供横穿广场通道的同时，也在广场内外创造出充满节奏性的视线互动（图3）。此外，

25　Uno spazio teatrale pensato per gil artIsti e la loro fantasia: Laura Thermes e Franco Purini. Gibellina overview. [2020-05-04]. http://sicilygibellina.altervista.org/uno-spazio-teatrale-pensato-per-gli-artisti-e-la-loro-fantasia-laura-thermes-e-franco-purini/?doing_wp_cron=1641 008780.0241229534149169921875

图 1 吉贝利纳新城广场系统

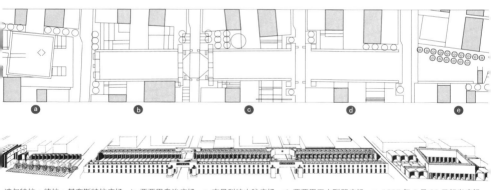

波尔特拉·德拉·基奈斯特拉广场，b. 西西里自治广场，c. 吉贝利纳山脉广场，d. 西西里工人联盟广场，e. 1937 年 6 月 26 日起义广场

图 2 广场系统设计方案
来源：根据 Franco Purini. Franco Purini, le opere, gli scritti, la critica. Milano: Electa, 2000: 168. 重绘

第 3 章 多义的建筑

门廊在处理广场和周边城镇环境间的关系中发挥了重要作用。首先，作为连续界面的连廊将广场与住宅区分隔，保证了广场均质和内聚的空间性质，由此建立的统一秩序是广场空间仪式性和纪念性叙事的基础（图4）。其次，在利用广场系统创造了一条宽阔、专属步行的通道同时，普里尼与塞梅斯将其与周围城镇肌理充分融合：双层连廊尊重两侧住宅区建筑高度，底部门洞和二层窗口位置相互对应，构成连贯、谦逊的外立面。尽管广场内部强大的纪念性展现了与住宅区截然不同的空间性质，但廊道中融入的住宅元素却在广场与两侧街道景观之间建立起连续的图像，从而减弱了广场系统在社区中突兀的存在感。

广场系统最东端的起义广场长约60米，另外两个已建成广场的长度相同，约70米，三个广场串联成为一条约200米的步行线路；但在原设计方案中，这一长度达400米。这条专为行人开辟的通道可以看作是建筑师对新城基于车行规划的回应。在他们的设想中，广场系统将成为迁居新城的市民休闲和社交的场所。

连廊底层均匀排列的隔墙形成了犹如古典柱廊的节奏秩序，它们在朝向广场的一面形成了连续的、浅进深的半围合空间。门洞两侧布置有方石凳。这里与其说是居民的歇脚处，倒不如说是建筑师有意设计的"社交单元"。人们在广场中相遇，随时都能坐下来畅聊。在西西里夏日酷暑中，廊道二层出挑拱顶投下的阴凉更是弥足珍贵，吸引人们在此停留。与一层供人休憩的半围合空间不同，门廊的二层仅仅是一条狭长的通道，通过台阶和圆柱形楼梯间与底层相连。二层带有窗洞的外挑半弧拱顶朝向广场的凹面采用与门廊相同的凝灰岩，以保证广场统一的色彩和质感，而背向广场的凸面则饰以四色马赛克（图5，图6）——地中海的传统装饰使这个通道变得活泼又亲切。人们或许会质疑这个局促的二层空间的实际功用，但从建筑师积极回应卢多维科·科劳重建吉贝利纳意愿的角度看，这个疑问就有了答案。如果说开敞的广场是聚集市民的"城镇舞台"，那么座椅、门洞，以及可以从洞口俯瞰广场的二层连廊就是"观演台"。通过将公共社交场所与私人交流空间相结合，普里尼与塞梅斯希望广场系统能够满足新城市民不同的使用需求，从而激发出多样的活动和行为方式。

卢多维科·科劳心怀"地中海梦"，希望在贝利切河谷中建造一座意大利乃至欧洲的新的文化与艺术中心。因此，在吉贝利纳新城，那些富有舞台情境

图 3 侧边连廊

图 4 从二层连廊俯瞰广场

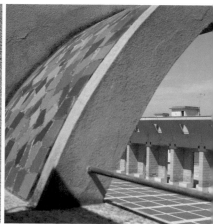

图 5 二层连廊   图 6 连廊二层窗口的彩色马赛克

的场所和建筑物成为空间改造的重点。新城建成初期，欧洲各地的设计师、艺术家、演员、导演和音乐家等受到卢多维科·科劳的理想感召纷纷汇集此地，进行创作和表演。在坚定的意大利共产党员科劳的带领下，吉贝利纳曾经努力实践着"平等与共享"的艺术理念，阿纳尔多·波莫多罗（Arnaldo Pomodoro）以此为灵感创作的雕塑《犁》(Aratro) 就矗立在城镇东侧的道路旁。设计师将农具与舞台机械设备相结合，用以诉说吉贝利纳的过去与未来——劳作记录了贝利切河谷地区悠久的农耕历史与传统，艺术则为未来带来高雅、美好的精神享受（图 7）。如今，这座雕塑已成为吉贝利纳奥莱斯提亚蒂基金会（Orestiadi Foundation）的标志。

普里尼与塞梅斯对于广场系统各组成部分之间的连接处理同样显现出戏剧性的节奏变化。工人联盟广场与山脉广场之间交叉路口处的高大门廊打破了连廊的均质序列，成为整个广场界面的醒目标识（图 8）。门廊的弧墙与连廊半拱顶的弯折方向不同，凹陷的立面似乎有意模仿巴洛克教堂的入口形式。弧线、折角、窗洞与墙面虚实组合，在西西里的阳光下上演着精彩的"光影戏剧"。地面中央的排水道以及广场首尾的小型构筑物强调了空间的对称性。两个广场交界处拼合而成的圆形铺地宣告了广场系统作为统一整体的存在，横穿的街道和匆匆而过的车辆并不能对此产生影响，行人才是这里的主角。

图 7 城市雕塑《犁》

图 8 广场系统与城镇道路

由工人联盟广场与山脉广场建立的统一秩序在位于东部尽头的起义广场中发生了变化。在这里，广场边界不再相互平行，而是形成一个约 20° 的夹角。南侧连廊降为一层，北侧则以一组由石阶组成的方形树池为界，逐渐向内收缩。排水道也偏离了中轴线位置，成为树池和网格铺地之间的分界线（图 9）。广场尽头残破的台阶是南达 · 维戈（Nanda Vigo）献给这座城镇的雕塑《拟人化痕迹——拱》（*Le Tracce Antropomorfe——Arco*）。作为一名建筑师出身的雕塑艺术家，维格将她在吉贝利纳老城"考古之旅"中搜集的瓦砾、基石和罗曼式拱门残片带到新城并重新拼合。石料垒起的台阶在空中戛然而止，似乎在述说着曾经的记忆。

在台阶后方矗立着一组由片墙、屋面、马赛克雕塑和棕榈树"混搭"形成的巨大构筑物（图 10）。作为整个广场系统的入口（或是出口），五片隔墙遮蔽了广场的开阔尺度，形成类似古典神庙高耸的柱廊空间。屋顶模数化的窗洞复制了罗马科学剧场的形式，从中投下的光柱照亮整个门厅。

意大利作家文森佐 · 康索洛（Vincenzo Consolo）在 1989 年写下一段纪念贝利切的文字："地震是一种邪恶的自然力量，是人与自然的双重灾难。它能在几秒钟内席卷数百年的历史、文化和文明。曾经的蔽身之处，精神之所，所有关于爱恨、生死的记忆累积，都在顷刻间被推翻成一片荒芜，空旷而模糊……但在地震之后的当下，还不是迷失在绝望之海中的时刻。是时候开始重建历史了，基于美丽的石材，基于意识和理性之石。没有什么比建造新城镇更令人兴奋了。"[26]

这段文字所蕴含的对灾后建立新生活的渴望正是普里尼和塞梅斯设计广场系统的初衷。这个项目最初名为"详细的广场计划"（piano particolareggiato delle piazze），但建筑师的设计显然超越了其字面含义。他们创造了一个充满可能性和多样性的容器，随时准备吸纳多样的生活场景并成为一个包含秩序与变化的舞台，希望通过这个建立在对立和统一之上的空间系统对抗新城单调的空间意义，并凭借在此举办的公共活动重建吉贝利纳的社群凝聚力。普里尼始终认为一个广场是否完工取决于它是否真正成为激发城市生活行为的场所；然而，时至今日，完工的三个广场似乎从未如设想般那样深入居民的生活。

26　Vincenzo Consolo. Il drappo rosso con le spighe d'oro. Labirinti anno II. 1989(3).

图 9 起义广场

图 10 广场系统东端门厅

111

对于迁入的居民而言，广场系统并无特殊的吸引力，人们甚至都搞不清在新城中到底有多少广场——那些散落在城镇中大大小小的空地哪些具有"广场"的名义，哪些只是荒芜的土地。市中心公共设施的匮乏使广场系统失去了连接空间的作用。居住在稍远区域的人们日常不会经过这里，自然也很难将之作为首选的聚会场所，只有在当地报纸或网站上偶尔发布将在这里放映露天电影或小型足球赛消息后，人们才会专程赶来，活动结束后又匆匆离去。然而，在建筑师的设想中，广场系统本该为这座新城带来远超露天影院或足球场的价值。

尽管广场系统和新城中大大小小的空地提供了足够的公共空间，居民依然向卢多维科·科劳抱怨找不到和邻里朋友聊天的地方。他们怀念曾经的老城中心，那是一个位于城镇主道尽头、面积不过 600 平方米的小广场。广场周围环绕着酒吧、食肆、理发店、烟草店和杂货铺，教堂和市政厅就坐落在稍远的地方。对于居民来说，真正的社交场所是人们能轻松到达的空间，是家宅之间孩童的游戏场地。新城中超大尺度的广场和空旷的环境让人们难以驻足。这里消失的不仅是老广场的空间形式，还有老城居民在生活中与城镇空间建立的丰富且微妙的关联。人们支持新城的艺术化改造，但也希望曾经的生活传统能够保留。这恰恰是普里尼和塞梅斯希望却未能做到的。他们设想的崭新生活并没有在这里产生。

诚然，对于一个人口严重流失的城镇而言，我们不应苛责其中任何公共设施未发挥应有的作用；但是，广场系统的萧条景象再次证明了广场本身并非功能性场所，它的意义在于连接和容纳那些满足人们日常需求的设施。广场容纳的是集体行为与日常生活，它的形式需要被设计，但其内容和社会意义必须在生活之中才能得到完善。

如今，在为广场系统中西西里自治广场预留的空地上已盖起新房，普里尼与塞梅斯创作的"剧本"也许永远都不会完整上演了。设计理应给人以希望，未完成的状态使广场系统拥有了如同文学、绘画或音乐"即兴创作"般的可能性。或许随着时间的推移，随着政府经济政策的奏效，吉贝利纳新城中这些空地能逐渐找到清晰的定位，生长出最适宜的状态。那些在理想的规划平面中难以预见的情况需要在城镇的实际发展中探索方向。未来也许会有人在那些遗留的空白中添加新的功能，做出调整，甚至续写曾经的剧本。身处具体环境之中，面向实际的使用者调改已完成或未完工的项目，这不仅是广场系统也是整个吉贝利纳新城要得到居民认可、书写属于自己历史的必经之路。

●作为对抗和表达机制的歧义

普里尼与塞梅斯在吉贝利纳新城中心区域持续十年的实践建立了一个特殊的、具有时间和空间跨度的场所。在两幢独立住宅和一个公共广场多样语言中展示出的连续发展线索反映的是建筑师的精准设计、批判性思考以及针对问题特殊性做出积极回应的开放态度。

虽然具有不同强度，这些项目中都包含着"破坏性"元素：药剂师之家立面的凸出体量、皮雷罗之家的斜插杆件，以及广场系统变形的端头部分。它们在整个作品中并非主角，而是通过对自身形式、意义和影响范围的精准控制建立起向整体组合插入"不平衡"与"歧义"的机制，正如普里尼在《一种"自我描述"的建筑》文中所述："连续性（同样也是重复）所造就的一致性必须与情境的独特性以及不可重复的可能性相互对立。"[27]

吉贝利纳新城基于均质和统一理想的建设引发了其对立面——错位结构、不确定意义、模糊身份的产生，这是理解吉贝利纳新城乃至整个贝利河谷现实复杂性和矛盾性的重点。然而，这些歧义在新城中是隐性的，它们被表面的一致性所掩盖，转而在暗中酝酿分裂力量。普里尼与塞梅斯刻意暴露模糊与歧义的作品成为新城的警示物。它们体现了普里尼追求的"冲突状态"，但在这里具有更进一步的双重意义：歧义既体现在建筑的自治表达中，也发生在建筑与外部环境进行信息交流的过程里。

利用与吉贝利纳新城表面叙事的对立，普里尼与塞梅斯为单体建筑在城市界面找到表达自身的位置，同时也为新城生活提供了一种强大持久的场景。这是他们作品蕴含的同一性和多样性所建立的超越建筑本身意义的公共价值所在。

27　Franco Purini. Franco Purini, le opere, gli scritti, la critica. Milano: Electa, 2000.

3.2 植入的脱离性

弗朗切斯科·韦内齐亚
来源：https://deditore.com/prodotto/la-battaglia-di-venezia/

弗朗切斯科·韦内齐亚 1944 年生于那不勒斯劳罗（Lauro）市，1970 年毕业于那不勒斯大学，1971 年开设建筑事务所。自 1974 年起，韦内齐亚作为建筑历史与设计教授先后任教于热那亚建筑学院、威尼斯大学建筑学院、洛桑联邦理工学院、哈佛大学和门德里西奥建筑学院。除贝利切河谷一系列作品外，韦内齐亚重要的建成项目包括劳罗市广场、威尼斯建筑大学实验楼、亚眠大学法律与经济中心、庞贝古城临时展馆等。代表著作有《阴影之塔或建筑的真实呈现》（*La Torre d'Ombre o l'architettura delle apparenze reali*，1978），《短文集 1975—1989》（*Scritti brevi 1975-1989*，1990），《弗朗切斯科·韦内齐亚：想法与场合》（*Francesco Venezia, le idee e le occasioni*，2006）等。2015 年荣获"米兰三年展"终身成就金奖。

在这种地景中，贝利切河谷的近代历史——大地震、新城建设和被遗弃地点的改造——需要找到其根源和意义。[28]

——弗朗切斯科·韦内齐亚

在吉贝利纳新城的建设热潮中，对于场所记忆与时空连续性的破坏已成为不争事实，城镇规划和建筑设计在很大程度上成为一种排斥领土与居民原有身份的手段。基于功能主义和数据分析生产出的方案无法延续旧有的空间结构和当地社群的传统生活。以功能作为分区依据的新城格局替代了历经数个世纪发展而成的高密度混合空间，公路分隔了新城与农田，均质化和范式化的城镇结构使吉贝利纳居民对于家园的集体记忆在震后陷入危机。这背后暗含决策者的考量：对老城事物的排斥和否定将让人们忘却曾经的灾难和伤痛。

新城前期建设的功能性原则遭到"八〇年工作营"的抵抗，但其雄心勃勃的作品却将新城建筑引向了另一个极端：孤立与内向的叙事。在 20 世纪 70 年代正值蓬勃发展的后现代主义背景下，不难理解建筑师对于"语言"与"风格"的探索[29]。这些设计同样忽视了贝利切河谷独有的历史和地域特征，并且高估了居民的接受能力。高度智性化的建筑语言使城镇中的建筑体验变得四分五裂，也造就了这座"无根之城"中随处可见的英雄主义场景。

在这个由"排斥"与"野心"共同铸就的两极化局面中，来自那不勒斯的建筑师弗朗切斯科·韦内齐亚的作品展现出独特品质，包括吉贝利纳新城中一座围墙式的博物馆（1981—1987，其庭院中保留着老城遗址中洛伦佐宫的一段立面）、一座小花园（1985—1988）、一个小庭院（1986—1991）、萨莱米城郊一座旧修道院废墟之上的露天剧场（1983—1986），以及进入塞杰斯塔遗址群的游览路径设计方案（图 1—图 4）。韦内齐亚将对场所和土地的补偿作为

28　Bruno Messina. Francesco Venezia: Architetture in Sicilia (1980–1993) . Naples: Clean, 1993.

29　仅从 20 世纪 70 年代的相关出版物便可见后现代主义的广泛影响力，例如查尔斯·詹克斯《后现代建筑语言》（Charles Jencks, The language of Post-Modern Architecture. 1977）；罗伯特·文丘里，丹尼斯·斯科特·布朗，史蒂芬·伊泽纳《向拉斯维加斯学习》（Robert Venturi, Denis Scott Brown and Steven Izenour. Learning from Las Vegas. 1972）；罗伯特·文丘里《建筑的复杂性与矛盾性》（Robert Venturi, Complexity and Contradiction in Architecture, 1977）；雷姆·库哈斯《癫狂纽约》（Rem Koolhaas. Delirious New York, 1978）；科林·罗，弗雷德·科特《拼贴城市》（Colin Rowe , Fred Koetter. Collage City, 1978）；保罗·波多盖希《现代主义建筑之后》（Paolo Portoghesi. After Modern Architecture, 1980）等。

图 1 洛伦佐宫博物馆

图 2 萨莱米露天剧场

图 3 "秘密花园"

图 4 "庭院"一角

设计的出发点。灾难留下的残片在新建筑中重获价值。更重要的是，"挖掘"概念深植于这些作品之中，成为重塑建筑与土地关系的手段，这对于重建之后的贝利切河谷显得尤为珍贵。

关于这些作品的性质，弗朗切斯科韦内齐亚写道："在西西里的这些项目……是以验证一种想法为目标的实践。所谓的剧场并非剧场，博物馆也不是博物馆，（这样做）是因为（这些项目）需要官僚式的名称……从这个意义上来说，它们是异常（anomalo）的建筑。"[30] 也因此，他在文章中将设计的洛伦佐宫博物馆直接称作"洛伦佐宫"（Palazzio di Lorenzo）。

无论是博物馆、剧场或是小花园，韦内齐亚在贝利切河谷的建成项目都具有封闭的形式与朴素的外观——这种乍看之下并非友好的态度印证了建筑师所说的"异常"概念，即否定它们将如同其名称指定的功能那样被使用。与注重发挥实际功用的城镇建筑相比，它们更像是为铭记这部由灾难、破坏、重建和恢复所谱写的贝利切河谷现代史而竖立的纪念性建筑。如同一枚硬币的两面，在这些建筑通过重新植入历史的土壤来修补记忆与领土连续性的同时，一种"分离"的机制时刻伴随其左右。这种内部张力不仅来自建筑与新城在距离和空间性质上的分离，同样源自建筑内部的错位、流离、越轨和挣脱等现象所引发的紧张与失衡。这些项目共有的螺旋形路径决定了到访者体验这一系列空间讲述的秩序与节奏。

保罗·里科尔（Paul Ricoeur，1913—2005）在讨论关于时间的责任性时说："当历史的重负于未来再次降临，它可以被理解为一种类似债务的概念。但此时的历史已不再是纯粹的负担，而成为能够加以利用的资源以及对于讲述的渴望。"[31] 可以肯定的是，韦内齐亚在贝利切河谷建造的纪念性建筑中那些模棱两可或相互对立品质的目的绝非出于单纯的建筑本体论辩，它们更多服务于现实，是对场地和历史的反映，为的是建构建筑场所空间与时间的整体讲述。那些引人注目的异常性与疏离感孕育着重新"容纳"的希望：从傲慢与漠视导致的现时困境中重新召回历史身份和集体记忆。

---

30 Aldo Hidalgo. Francesco Venezia: temas de arquitectura. ARTEOFICIO (4), 2005.

31 Paul Ricoeur. La lectura del tiempo pasado: memoria y olvido . Madrid: Ediciones Universidad Autónoma de Madrid, 1999.

第 3 章 多义的建筑

● 遗址的庇护所：洛伦佐宫博物馆

> 洛伦佐宫博物馆本身非常简单，它强大的力量来自这样一个事实：建筑如废墟一般出现在大地之上，经受冲刷和侵蚀的混凝土结构从砂岩墙壁中显现。[32]
> ——弗朗切斯科·韦内齐亚

对于大地与建筑关系的思考贯穿韦内齐亚的职业生涯。他曾画过一副西西里锡拉库萨古希腊剧场遗址的草图，从"剖切"的角度将两个世界并置在一起：剧场所处的地上世界与采石场所处的地下世界。这无疑让人联想到被韦内齐亚尊为终生老师的勒·柯布西耶绘制的巴黎瑞士馆草图：深植于土地中的桩基将地面之上的现代建筑与地底的古代洞穴（同样也是采石场）连接在一起。对于两位建筑师来说，这一对在时空上分离的世界展示了由人类建造行为所建立的不可分割的关联：对于上部世界的塑造（材料快速堆叠的结果）需要下部世界源源不断的资源供给（漫长地质沉积的结果）。当上方建筑生命结束后，残骸将再次返回土地，等待新的发掘。

尽管相隔近半个世纪，韦内齐亚和勒·柯布西耶的绘画都表达了强大的时空与技术的连续性，这暗含了人类创造建筑的恒久规律——若要向上建设，必须首先向下挖掘。任何建筑都非凭空出现，相反，它们与自然资源以及前人的建造劳动关系紧密。

洛伦佐宫博物馆位于吉贝利纳城区边缘，紧邻省道，是城镇景观与延绵的葡萄种植园之间的界碑（图5，图6）。建筑师在博物馆与周边环境之间刻意保持距离，避免"自身与新区的比较"。在这里，建筑地面上下联通的意义首先体现在对于场地的重塑工作中。博物馆由两部分组成：面向新城的阶梯花园和后方由内院及双层展厅组成的规则的建筑主体（图7）。逐层升高的花园在博物馆与城镇之间插入了一组巨大体量，同时在形式上切断了建筑主体与地面的直接联系。在韦内齐亚看来，新城的土地是冷漠和贫乏的。作为重组建筑与土地关系的重要工具和媒介，花园保护了博物馆，使之远离现实的影响。花园墙壁

---

32 Francesco Venezia. Museum in Gibellina // Francesco Venezia, Xavier Güell. Francesco Venezia. Barcelona: Gustavo Gili, 1988.

图 5 朝向城区的博物馆西侧

图 6 朝向葡萄园的博物馆东侧

第 3 章 多义的建筑

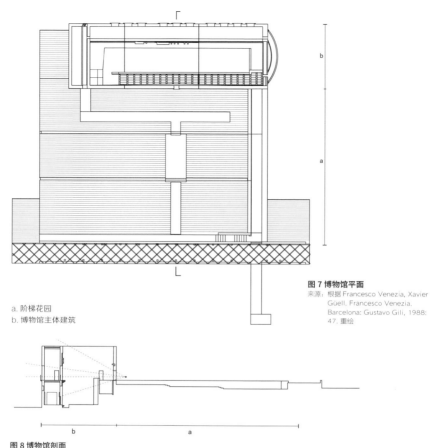

a. 阶梯花园
b. 博物馆主体建筑

图 7 博物馆平面
来源：根据 Francesco Venezia, Xavier Güell. Francesco Venezia. Barcelona: Gustavo Gili, 1988: 47. 重绘

图 8 博物馆剖面
来源：根据 Francesco Venezia, Xavier Güell. Francesco Venezia. Barcelona: Gustavo Gili, 1988: 46. 重绘

堆叠的粗糙石材成为大地和地震力量的象征，这些元素在贝利切河谷重建中曾被刻意回避掉。花园抬高了建筑体量，也为新城带来了一种动态的、有关地质运动的隐喻——后方的建筑体似乎正在慢慢被堆积的土壤吞没。

剖面展示了花园上升形态和建筑内部下沉庭院的对应关系（图8）。除了重组场地秩序外，花园同样被用来调节博物馆各部分之间关系。它不仅建立了建筑体与城镇地面之间的层级制度，也是建筑师赋予内院"地下世界"意义的关键元素：通过在室外地面之上的堆积而非实际向下挖掘，内院仿佛处于地表之下，这成为表达"深植于大地"意义的前提条件。

花园体现了韦内齐亚在建造与叙事之间创造互通渠道的敏感思维与实践能力。尽管它所塑造的坚固、敦实体量成为博物馆给人的最初印象，但整个项目的空间构成和叙事逻辑却源自其内部最脆弱的元素——吉贝利纳老城遗址中洛伦佐宫残缺的立面（图9）。这座巴洛克风格的二层建筑残留墙面作为老城珍贵的记忆片段，被韦内齐亚仔细地迁移到新城，重新拼合在博物馆内院的墙面之上（图10，图11）。

　　旧有建筑的外立面不仅被移入新建筑的内部核心空间中，同时也成为建造博物馆的重要尺度和比例参照。内院中另外三面墙上刻意暴露的混凝土梁与旧立面一层层高和二层窗高保持一致，室外花园的顶层也与这条基准线平齐（图12）。建筑师的意图十分明确：探索并重塑历史建筑残骸的建造意义，使之成为新建造行为的起点。相比将历史遗存作为不可碰触的"易碎品"小心保管，韦内齐亚赋予历史碎片以更加实际的功用，强化其在新环境中存在的合理性，同时在新旧建筑之间构建起连续的空间逻辑。

图9 洛伦佐宫的损毁立面
来源：Comune di Gibellina archivio

图 10 洛伦佐宫立面复原图

来源：根据 Francesco Venezia. Francesco Venezia, le idee e le occasioni. Milano: Electa, 2006: 77. 重绘

图 11 博物馆内院的洛伦佐宫墙面

　　乍看之下，博物馆的正立面（西立面）似乎过于单调，整面实墙仅在中心位置开设唯一一个窗洞。朴素的外表来自阿道夫·路斯的忠告："将最好的部分置于最隐蔽的空间。"而仔细观察就会发现其中巧妙且深刻的构思：正立面这个唯一窗洞与内院洛伦佐宫立面二层窗口以及建筑东立面窗洞位置保持平齐，并由此形成了一条贯穿建筑体量的"视觉通道"（图 12）——人们站在花园顶层，通过这条通道可以望向博物馆另一侧的葡萄田（图 13）。建筑师借鉴了 16 世纪萨比奥内塔男爵府 (Palazzo Ducale di Sabbioneta) 的视线操作手法，旨在消弭墙体对于视线的阻挡。更重要的是，这些传递视线的不同界面塑造了一条有关时间的诗意连接——人们身处现代主义城市中，目光穿过巴洛克建筑立面，抵达西西里大地上恒久的田园景象……这套对于可见之物的编排将吉贝利纳新城不同性质的空间与人们感知联系在一起，展示了建筑师所做的将洛伦佐宫博物馆融入场地独特叙事之中的尝试。

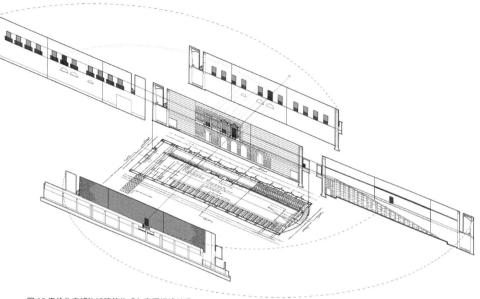

图 12 洛伦佐宫博物馆建筑构成与窗洞视线关系

图 13 洛伦佐宫博物馆窗洞对位

与博物馆作为整体对于"植入"概念的讲述相对的是建筑内部空间对于"不稳定性"的表达。韦内齐亚曾说:"互不协调的几何体系是十分重要的。当所有比例、材料、节点都彼此完全协调时,建筑将成为无聊的产物,它会随着时间的推移失去发展的可能。"[33] 互不契合的关系之中蕴含的潜力以及建筑自主发展产生的难以预料的状态正是韦内齐亚持续追寻的空间品质。

将异质元素进行叠加并保留它们互不统一的特性是韦内齐亚实现"不稳定性"的重要方法。这种对于一致状态的抵抗在洛伦佐宫博物馆设计中演化为对曾经灾难的隐喻。旧立面边缘的两条竖直缝隙贯穿整座建筑,它们切断了主结构,将历史残片的边界"投射"在新建筑的立面之上,这也导致了博物馆主立面以窗洞为中心的对称布局被打破(图14,图15)。如此,韦内齐亚将不同时期的元素以间接的方式并置在一起,使建筑同时呈现两种相对的性质:整体稳定、密实的形态和由于难以统一的细节和比例而导致的"内部震荡"。

对于统一性的拒绝在博物馆庭院中拥有更加具体的形式表达。洛伦佐宫的砖石立面与后方砂岩墙壁的平坦表面塑造出清晰的"图底关系",展示了新旧材料和时间痕迹的差异。旧立面保留了破损的边缘,底端未触及地面,而是与排水槽(又一条裂缝)相接(图16)。韦内齐亚在历史残片与新建筑元素之间刻意保持距离,以强调前者作为"外来物"在全新环境中的"停滞"与"悬置"状态。这种时间与空间的不一致表述将旧立面置于随时都要"脱落"的危险中。在它旁边,一面碎石拼贴的墙面如同堆积的地层,更加强化了人们"置身地底"的感受。

通过保留与叠加,韦内齐亚创造的新旧事物间的张力扰动了建筑的比例关系与结构体系,使洛伦佐宫博物馆实现了对抗标准化和一致性的目的,同时拒绝了从整体上被阅读的可能。无论是贯穿视线所表达的时间穿越,还是立面并置的多重秩序,又或是根植于新旧元素之间的对立倾向,都揭示了这座建筑中诸多元素之间难以完全契合的关系,其中暗藏的不安与震动提醒着到访的人们:敬畏大地,铭记灾难。

33   Francesco Venezia. Francesco Venezia, le idee e le occasioni. Milano: Electa, 2006.

图 14 切断立面的缝隙

图 16 并置的新旧立面

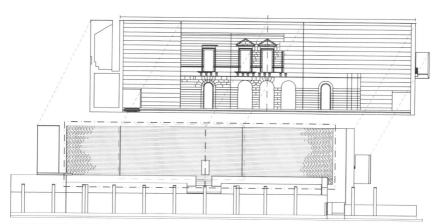

图 15 新旧立面的"投射"关系

在韦内齐亚看来，建筑设计从来都不是创造一个全新的事物。新建筑的价值源自对已有事物的改造和重新诠释。他关注那些存在于建筑之中相异甚至相反元素的可能性（例如"地上"与"地下"，"稳固"与"脱离"），致力于运用这些元素建立连续而非统一的空间叙事。

"螺旋形路径"是人们可以感知韦内齐亚空间叙事的重要媒介。他曾将建筑设计与制作陶罐相比，以此阐释存在于"螺旋形式"之中的时间意义："制作陶罐的过程中，在不断累积的外部材料与不断扩展的内部空腔之间存在着一种延展的时间，它与建筑的时间相同——它们都以螺旋的形式存在。"[34]

将"螺旋形式"的时间转化为贯穿建筑空间的仪式性运动使韦内齐亚的作品具有了如同朱塞佩·特拉格尼（Giuseppe Terragni，1904—1943）但丁纪念堂（Danteum）一般超凡的象征意义："螺旋形路径"将建筑定义为一种不断向上和向内的运动机制，它带领人们逐渐脱离地面，通过持续的旋转和上升，最后抵达最深层的空间核心（图 17）。韦内齐亚将这种路径作为其作品之中空间和时间往复转换的表述方法，同时也是对梅洛-庞蒂（Maurice Merleau-Ponty）提出的"位置的空间性"（spatiality of position）与"处境的空间性"（spatiality of situation）这对概念的形式化表达[35]。

室外花园石墙所围合的一条不起眼的道路将到访者引入通向"地下世界"的旅程。在缓慢的上坡后入口道路迅速下降，人们经过幽暗狭窄的门厅，博物馆内院就赫然出现在眼前（图 18，图 19）。现代城市与田园风光被隔离在高墙之外，历史的记忆主导着这个内部空间。洛伦佐宫残骸如布景般在一侧陈列，与老城街道同宽的庭院尝试重现曾经的城镇片段。沿庭院四周布置的下水槽使访客与历史遗迹之间保持着克制的距离，立面中原有的门洞被改造成一层展厅的落地窗。

如果说洛伦佐宫立面展示了历史遗存在博物馆中的核心地位，那么在内院另一侧一条 3 米宽的火山岩坡道则说明"运动"在整座建筑中所扮演的重要角色。这条充满仪式性的上行路径既是引导访者离开庭院"地底世界"的出口，也是

34   Francesco Venezia. Scritti brevi 1975 - 1989. Naples: Clean, 1990.
35   莫里斯·梅洛-庞蒂.知觉现象学.姜志辉 译.北京：商务印书馆，2001.

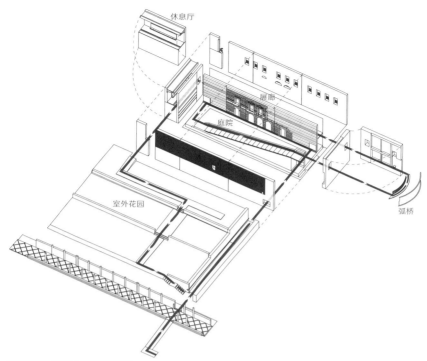

图 17 洛伦佐宫博物馆中的行走路径

图 18 博物馆入口

图 19 博物馆入口坡道

观看洛伦佐宫历史立面的绝佳平台。它似乎在告诫人们：只有保持距离，才能看清事物的全貌（图20，图21）。

　　博物馆主体两端各有一个附加的独立部分：一座弧形廊桥和一个休憩空间。这两个在建筑螺旋形路径中扮演重要角色的小空间被建筑师小心地隐藏在内院的视线之外（图22，图23）。脱离建筑主体的悬空廊桥连接了庭院坡道与二层展廊，将在坡道上的"缓慢攀登"突然转变为"离开－转向－再进入"的急促运动。狭窄、封闭的空间极大限制了廊桥中人们的视线，使即将到来的二层展廊成为不可预测的空间（图24）。

图20 洛伦佐宫博物馆庭院坡道

图 21 从坡道俯瞰庭院

图 22 弧形廊桥

图 23 廊桥与建筑主体的分离关系

图 24 二层展廊　　　　　　　　　　　　　　　　　　　　　　　　图 25 休息室 "reposo"

　　与催人加快脚步的廊桥不同，在展廊另一头坐落着一间安静的休息室 "reposo"，这是建筑旅程的终点。它与建筑主体之间的巨大空隙成为访客眺望远处风景的窗口（图 25），这种情形让人想起休伯特·罗伯特（Hubert Robert, 1787—1788）笔下的破败神庙或是布雷的图书馆方案（图 26，图 27）。人们在这里静坐冥想，墙面上的光影变幻记录着时间的流逝，而与非凡光影对应的是这里静默的守护神——由艺术家皮尔·朱利奥·蒙塔诺（Pier Giulio Montano）创作的盘绕在石柱上的青铜巨蛇（图 28）。这尊啜饮雨水的超现实的生灵雕塑拥有多种解释：它是被阿波罗斩杀的怪兽皮同（Python），或是古希腊文化中可以无限复活的生命，又或是罪恶与不安的象征……建筑师借由《查拉图斯特拉如是说》（Also sprach Zarathustra）给出了自己的解释："（休息室与建筑主体间的缝隙）是建筑最具象征性的体现，它示意空腔和洞穴，如同建筑的'母体'（matrix），其中栖居着代表永恒回归的巨蛇。"[36]

36　Francesco Venezia. Scritti brevi 1975－1989. Naples: Clean, 1990.

图 26 《旧神庙》（*The Old Temple*，伯特·罗伯特，1787）
来源：https://commons.wikimedia.org/wiki/File:Hubert_Robert_-_The_Old_Temple_-_Art_Institute_of_Chicago_-_1787·88.jpg.

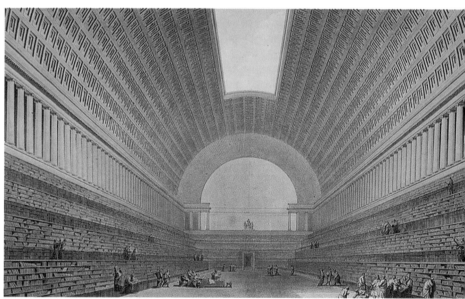

图 27 国家图书馆，路易斯·布雷，1785
来源：https://en.wikipedia.org/wiki/%C3%89tienne-Louis_Boull%C3%A9e#/media/File:Bibliotheque_nationale_boul.jpg.

图 28 巨蛇雕塑

　　上段文字恰恰也是对洛伦佐宫博物馆整体意义的阐释。在到达休息厅之前，访客见证了博物馆混合的立面构成、流离失所的宫殿墙壁以及不断转换的运动秩序。这些不安定元素所展示的是通过破坏建筑图像与叙事一致性而扰动传统空间组合和对称构图的结果，而在到达休息厅的那一刻一切骤然平息。"reposo"独立自治的空间成为融合了宁静与距离的现象学产物。自然与神话汇聚于此，它们代表的永恒性将整座建筑以无比确定的方式植入了场所的现实之中。定义这条单向旅程终点的不再是涌动的分裂力量，而是大地、建造行为与集体记忆在经历对抗之后所达成的最终和解。

●旧城闪回："秘密花园"与"庭院"

同洛伦佐宫博物馆几乎与外界彻底隔绝的内部空间相比，韦内齐亚在吉贝利纳新城住宅区中建造"秘密花园"与"庭院"的目的在于为市民提供亲近日常生活且相对便于进入的场所。然而，仅从外观人们没办法清晰辨别这两座建筑小品的身份，即便进入其中，包裹在墙垣中的空间和内容也与常规意义的花园或庭院大相径庭。

正如前文所述韦内齐亚秉持的"异常建筑"概念，对他而言，在贝利切河谷建造项目的名称并不重要，这些"官僚式"名称传递的意义和价值不能作为理解建筑功用和空间讲述的参考，这也造成建筑师本人文章与其他出版物对这两个建筑小品的称呼不统一甚至相互混淆（韦内齐亚常笼统地将它们统称为"秘密花园"）的现象。然而，它们的意义绝非简单地提供让人们亲近植物或纳凉避暑的场所。每一名到访者都惊异于"秘密花园"和"庭院"极其有限的空间中所容纳的密集事件、曲折运动，以及由并置的新旧材料、日常和超现实元素组合而成的歧义与对立。

与洛伦佐宫博物馆和萨莱米剧场所处的开敞基地和凋零的环境不同，"秘密花园"与"庭院"位于充满生活气息的住区街角。韦内齐亚将这两个建筑小品叙事的展开建立在不断向内压缩的空间秩序上，从而在有限的尺度中依然保证了建筑内部与外界环境之间的距离。两个小巧作品蕴含的强大力量和历史闪回（flashback）汇集了不同维度的时空图景。它们诞生于曾经的毁灭性事件，面向灾难过后对于领土意义的持续探寻，并在当下坚定地对抗着现代住区之中苍白的空间品质。

（1）"秘密花园"　　坐落于吉贝利纳新城西区街口的"秘密花园"延续了韦内齐亚在洛伦佐宫博物馆中向内旋转的螺旋形路径和平面构成（图1）。建筑由内、外两部分组成。顺应街道形式的类扇形外壳在建筑与外环境之间建立起克制的对话方式，同时也为核心部分保持独立提供了可能。内部空间的长短两边分别与弧形外墙切割出两个不可进入的内院，将核心部分与城镇街道隔离。内院种植的植物成为这座建筑"秘密花园"身份的唯一佐证。

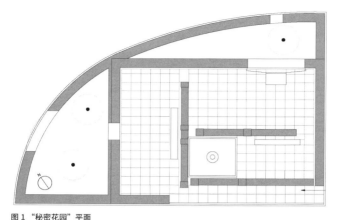

图1 "秘密花园"平面
来源：根据 Francesco Venezia, Xavier Güell. Francesco Venezia. Barcelona: Gustavo Gili, 1988: 63. 黄晨重绘

位于住区内的"秘密花园"以坚固的实体重新定义了新城街角的形式。与矗立在城镇边缘的洛伦佐宫博物馆类似，这座城镇花园也拥有"冷漠"的外表。在面向街道的弧形混凝土外表面，白色砂岩和灰色河卵石划分出材质与色彩上的层次，象征着地下堆叠的土层。外墙在两个内院位置开设一大一小两个窗洞，它们是花园与城镇间的沟通媒介（图2）。然而，当人们靠近试图透过窗洞向内张望时，近2米的窗台高度表明它们的作用并非如此。除了这两个人难以企及的窗洞外，整座建筑的内容被完全包裹在密实、坚固的"外壳"中，甚至从城镇街道上找寻其入口都非易事。

尖锐的墙面棱角与弧墙间的对峙关系似乎在暗示建筑内部与外观的截然不同（图3）。人即使站在远处，希望通过两个窗洞向内窥探花园究竟的愿望依然难以实现。内院中植物茂盛，枝叶间隐约闪现的古典构件却不断撩拨起人们的探索欲望（图4，图5）。这个外观朴素的建筑小品蕴含着吉贝利纳新城最缺乏的元素——自然与历史。也许正因为珍贵难得，才不轻易示人。

视觉可见与身体不可达之间的对垒是韦内齐亚控制建筑空间秩序与编排行走路径的独特手法。他承认自己深受罗马的茱莉亚别墅（Villa Giulia, 1551—1553）启发（图6）：建筑师乔治·瓦萨里（Giorgio Vasari）将建筑室外流线

图 2 "秘密花园"外墙

图 3 窗洞一

图 4 窗洞二

图 5 内窗与古典构件

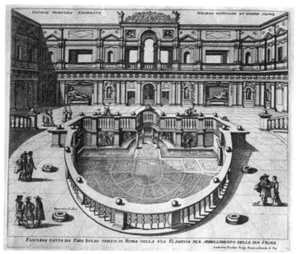

图 6 茱莉亚别墅 [赫罗尼姆斯·科克 (Hieronymus Cock) 绘，1582]
来源：https://rebuildingrome2015.wordpress.com/tag/villa-giulia/.

围绕下沉庭院进行组织，人们视线与运动轨迹在不经意间分离或重合。在"秘密花园"以及贝利切河谷的其他项目中，韦内齐亚有意强化"徘徊、隐藏、显现、向内看和向外看"的运动方式和视觉感受，让观者体验在迷失的紧张、寻找的急迫和发现后的惊喜之间不断交替。他将这套运动与视觉组合的机制转换为"离开"与"返回"的节奏，成为其作品与访客身体感知时刻保持关联的重要因素。

在与城镇环境保持克制距离的同时，"秘密花园"的墙体和窗洞也在场所中植入了一个基本却不完整的"住宅符号"。与周围民宅相似的体量不仅使这个建筑小品补全了住区街道尽头的空缺，也再现了贝利切河谷城镇中随处可见的景象——未完成的或破败的房屋（图7，图8）。

有限的可见物极大地激发了观者的想象以及对花园"疏离性"的感知，而进入其中的旅程不仅需要克服重重物理阻隔，更要跨越漫长的"时间鸿沟"。花园简单封闭的沿街墙面驱使人们寻找入口所在，而弧墙则将流线引向背离街道的方向。花园东侧外围直墙只占整座建筑长度的一半，以便为入口坡道留出空间，裸露的砖石墙面上镶嵌着来自老城的拱门残片，示意着"历史旅程的开

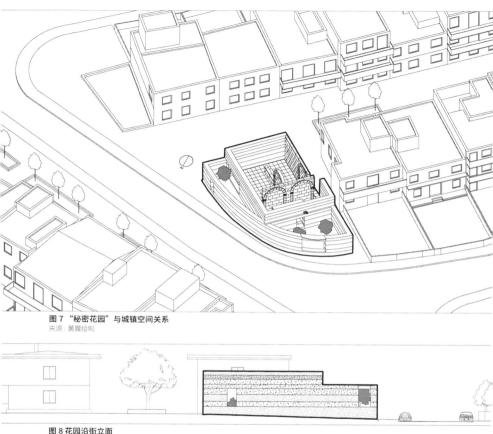

图7 "秘密花园"与城镇空间关系
来源：黄晨绘制

图8 花园沿街立面
来源：黄晨绘制

端"（图9）。入口坡道尽头，花园内部核心部分的两面墙体之间刻意留出缝隙，透出最深处的水池；但是，其狭窄的尺度显然并非邀人进入，访客仍需遵循设计的路线前行（图10）。

弧墙包裹的核心空间由三部分组成。与入口坡道连接的是一个矩形平面的前室，地面由黑色埃特纳（Etna）火山岩板铺砌。在卡尔塔尼塞塔（Caltanissetta）砂岩墙壁中对称镶嵌着的两座拱门残骸和一副人面浮雕成为一个长椅的古朴背景（图11）。长椅正对的墙面上一个低矮的窗洞可与外墙窗洞对望。韦内齐亚通过克制的材料和对称布局营造出平衡、稳定的空间品质。抬高的地面与双层

图 9 入口坡道尽头的缝隙

图 10 坡道尽头的缝隙

图 11 前室长椅与墙面

图 12 前室窗洞

围墙中茂密的植物使花园内部成为远离城镇的私密领域，而内小外大的窗洞则引发园内访客对外的窥探欲望（图 12）。

镶嵌拱门的砂岩墙面与外墙之间不足半米的间隔引导访客进入下一个空间。花园内核的第二与第三部分被一道拱形墙面分隔（图 13）。相似的双窗洞系统依然提供了通透的视线；不同的是，窗洞尺寸在这里反转为内大外小，这使内院中的植物而非外部城镇景观成为人们的关注重点（图 14）。一座如同教堂祭坛的凝灰岩石台端正地摆放在内窗正前方，其残破的表面诉说着岁月的侵蚀。

拱墙的另一侧是花园旅程的终点，也是整个建筑小品的精神核心所在。在三面拱门的环绕中，一截残存的石柱在铺满鹅卵石的水塘中兀然挺立……这里仿佛是一个被缩小的古典庭院（图 15）。水流从隐藏在石柱顶端的水口中缓缓溢出，浸润底部层叠的卵石。在韦内齐亚的设想中，这股涓涓细流将向干燥的西西里展示润泽和侵蚀的力量，以及在废墟中孕育新生的希望。

图 13 拱形墙

图 14 内大外小的双窗洞

图 15 石柱与鹅卵石池塘

从外层弧墙到核心水塘，"秘密花园"展示了如同但丁纪念堂一样向内收缩的螺旋形流线（图 16），如此直观的流线表达在韦内齐亚作品中并不多见。然而，除了入口坡道外，韦内齐亚并未仿照特拉格尼随空间深入逐渐抬高地面的做法，尽管这么做并不困难且理由充分。萦绕在花园之中平衡与稳定的空间性质让我们有理由相信韦内齐亚无意创造一座承载超凡意义的圣堂，而是为居民提供一处沉思与回忆的静谧场所。

与洛伦佐宫博物馆由一系列相互独立的事件串接而成的叙事秩序相似，"秘密花园"中不同空间独立的身份与讲述并不妨碍访客行程的连续性，这得益于韦内齐亚对于空间交接形式和人体感知尺度的控制：花园内墙之间互不相交，尽管访客无法透过墙间缝隙看清将要前往的地方，但从中渗出的光线、微风和水流声响都会吸引访客继续前行，去迎接意料之外的发现。此外，韦内齐亚在博物馆与"秘密花园"的不同空间中重复使用了相同的长宽比（图 17），这使

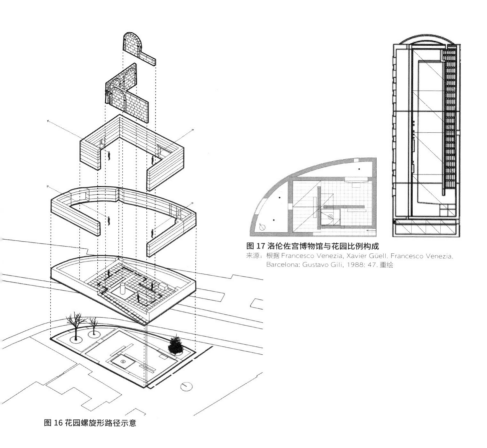

图 17 洛伦佐宫博物馆与花园比例构成

来源：根据 Francesco Venezia, Xavier Güell. Francesco Venezia. Barcelona: Gustavo Gili, 1988: 47. 重绘

图 16 花园螺旋形路径示意

得其营造的空间具有一种难以言说的"匀称"（eurythmia）[37] 性质，给人以"似曾相识"的感受。在自然与人工元素共同塑造的讲述中，人们逐渐脱离日常时空，迈向隐藏于花园深处的神秘领域。

37　"Eurythmia"概念的确切定义一直存有争议，但它的大致表述已得到基本认同，意指"使人感到愉悦的外形"。Eurythmia（匀称）常与 "Symmetria"（对称）相互补充。古典学者视"对称"为宇宙秩序或绝对的美，而匀称则具有世俗价值，它作用于人体，引起感官的愉悦。维特鲁维在《建筑十书》中对"匀称"做了独特的定义，即是构成事物的各个部分内在的固有比例。这种解释与韦内齐亚在建筑中的比例控制方式类似。

144

（2）"庭院"　　　与"秘密花园"在街角植入的具体而绝对的形态不同，城镇另一侧的"庭院"在居住区街道尽头建立了有关经验性和相对性的边界。韦内齐亚依然使用弧线与矩形结合的构成形式，但在体量上做出了区分（图18）。一个由矮墙划定的小广场顺应了街角的弯道形式。广场弧墙略低于视高，将人们的注意力导向广场内部景观。由实墙围合的矩形内院与开放的广场相互对立。韦内齐亚使用老城的建筑残片为内院建造"基座"。"基座"充当沿街长椅，吸引人们驻足的同时，也使主体结构"脱离"了地面（图19）。

广场与内院代表的"室外"与"室内"空间在行为和功能上呈现出明显差别：前者的易达性、开放性和空间自由度为街区提供了急需的小尺度社交场所；

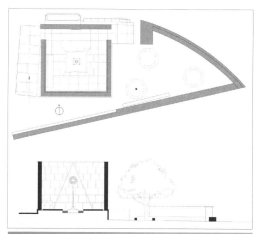

图 18 "庭院"平面与剖面
来源：根据 Bruno Messina.
Francesco Venezia:
Architetture in Sicilia
(1980—1993) . Naples:
Clean, 1993: 57.
　黄晨重绘

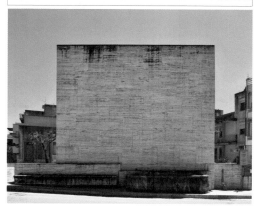

图 19 "庭院"沿街面

后者深处高墙之中，地面远高于城镇街道，入口也被隐藏。私密与静止的空间性质与日常活动产生距离，人们只能透过墙间的缝隙向内窥探（图20）。

广场与内院不同的空间性使其几乎成为相互独立的存在，并以不同的方式被居民使用。小广场四周时常摆满座椅举行小型集会或作为露天酒吧，而高耸墙垣的围合内院显然适合更私密的约会；然而，这种分离这并不妨碍二者作为整体被阅读。广场与内院相互衔接，确定了"庭院"空间与叙事发展的完整序列。

广场的弧墙是在城镇街道中划分"内"与"外"的界面，人们从"缺口"处（入口）进入建筑师设定的流线（图21），跟随作为路径标识的三个花坛，首先被引导至广场的东南端头，随后转身进入南侧围墙与内院院墙之间的通道。广场南侧约半米高的矮墙对边界的象征意义远高于其围合作用（图22，图23）。这条形式上被"弱化"的界线延伸超出内院的范围，作为与街道保持平齐的内院和南侧民居之间夹角的平分线，在调节新建筑与场地已有元素的关系中扮演着重要角色（图24）。在矮墙尽头，紧贴内院西墙的一条与建筑等长的坡道标志着从室外空间向室内领域的转换。由广场主导的外部流线展示了韦内齐亚标

图20 广场与内院

图 21 广场入口

图 22 广场沿街面

图 23 广场背街面

志性螺旋形路径的"进入"方式：道路首先引导访客朝着远离终点的方向前进，随后在某个时刻让人们"掉头，重新返回"，而"返回"运动建立了从外围逐渐向内逼近的行走轨迹（图 25）。

　　与广场的连续边界不同，内院的围合由两部分组成。南侧三面相互连接的墙体表面做抹灰处理，北侧独立墙体以凝灰岩板铺装。在方案设计初期，韦内齐亚曾希望院墙全部使用凝灰岩板铺装，但因成本过高而放弃。实际情形中，墙面装饰材料的贵贱等级明确了北墙的重要性。随着访客的"进入"过程，北墙内侧图案逐渐显露：由意大利著名艺术家米莫·罗泰拉[38]（Mimmo Rotella，1918—2006）创作的浮雕《太阳之城》（Città del Sole，图 26）占据着墙面的中央区域，与立于吉贝利纳新城市政广场的同名雕塑遥相呼应。正南的朝向使这面巨大的"画布"充分接受阳光照射，艺术家的雕刻与光影化作人工与自然

38　米莫 · 罗泰拉被认为是第二次世界大战后欧洲艺术的重要代表人物。他在 20 世纪 50 年代凭借撕碎广告画创作的 "反拼贴 "（décollage）艺术获得国际声誉。

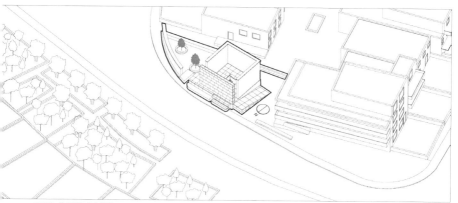

图 24 "庭院" 与城镇

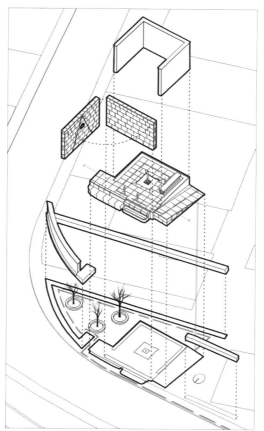

图 25 "庭院" 整体路径示意

第 3 章 多义的建筑

共同镌刻的铭文。

北墙两端约 30 厘米宽的空隙是内院与城镇仅有的交流通道，长椅在内院深处为人们提供了一处私密角落。石灰华地面中心破碎的缺口和其粗糙的边缘象征被地震撕裂的大地，中央留存的一块碎石如同孤岛一般，承载着瑞士艺术家丹尼尔·施珀里（Daniel Spoerri）的青铜雕塑《再生》（*Renaissance*）——在西西里巴洛克建筑中十分常见的所罗门柱式顶上，一只大手托起一尊女性半身像，如同含苞待放的花朵（图 27）。施珀里为吉贝利纳创作了两尊相似的雕塑，另一尊位于老城旁的树林中。

内院墙角萌发的植物在这处纯粹的人工空间中展示出自然、蓬勃的生命力。紧靠西侧墙壁的长椅可以让人们在一天最炎热的时段得到阴凉的庇护，这源于韦内齐亚对"身体舒适性"的重视："西西里拥有异常强烈的记忆。因此，我认为将记忆与凉爽的空间融合在一起将得到非常出色的结果。"[39]

从灾难的痕迹到新生的希望，一条连续视线包含的密集事件赋予这处孤独的沉思空间以神话般的超凡色彩。韦内齐亚在个人与人造物之间建立起关于历史和未来的对话，同时也传递出一个信息：这场对话能够长存的关键在于建筑、艺术与个人都应始终与所处的土地保持紧密联系，因为这三者的生存和发展都需要接受地域自然和文化的持续滋养。

● 历史与现实的叠加：萨莱米露天剧场

从萨莱米老城中心出发，行走在狭窄的街道中，人们很快就能理解韦内齐亚对于这座城镇的记述："房屋深植于陡峭的地势……交错的道路使人们难以抵达近在眼前的目标，却与远处的地平线和太阳保持对话。"[40] 直到抵达老城区东部边缘的卡尔米内区，骤然开阔的视野才将人们从拥挤的城镇景象中解放出来。在这片开敞坡地的最高处曾经矗立着卡尔米内马东纳修道院（Convento

---

39　Rodehiero, Bebdetta. Permanenza e trasformazione in architettura. Gibellina e Salemi: città usate. Ph.D diss., Universitat Politècnica de Catalunya, 2008.

40　Francesco Venezia. Francesco Venezia, le idee e le occasioni. Milano: Electa, 2006.

图 26 《太阳之城》
图 27 《再生》

della Madonna del Carmine），但早在地震之前就被废弃、损毁。韦内齐亚设计建造的萨莱米露天剧场就位于修道院的旧址之上（图1）。

相较洛伦佐宫博物馆设计中将室外花园作为中间元素避免建筑主体直接触碰"冷漠"的城镇地面的做法，韦内齐亚在萨莱米着力强调建筑与土地之间相互渗透和包含的关系，并以此为基础将场地、历史遗留物和新建筑结合成为一个整体。他曾说："将建筑置于场地已有的叙事中向来都不是一件简单的事情。"[41]韦内齐亚将场地中散落的修道院残骸收集起来，与新材料相融合，共同用于剧场的建造。他将这种新建筑吸纳旧建筑遗骸的过程称为人类建造史中的"同类相食"（Cannibalism）现象。如此，新建筑将成为之前建造历史的集合。

面对陡然下降的地势，韦内齐亚为剧场设计了一个入口广场，并在边角处保留了一小块原始土地作为花园（图2）。入口广场顺应坡地，与贯穿卡尔米内区的米斯特莱塔道路 (Via Mistretta) 相连。成为调节形制规整的剧场建筑和自然地面之间关系的重要元素。就剧场主体而言，以顶部环道与东侧露台为代表的上下两层标高同样呼应了由西向东的下降地势，进一步证实韦内齐亚将新建筑置入原始地形结构中的设计意图。此外，剧场剖面展示了与洛伦佐宫博物馆相似的操作手法：剧场中央演出空间西侧的观众席顺应坡地下降，而对面的上升舞台则由人工砌筑，直至与环道相接。从入口广场向东望去，观众席与舞台共同构成的凹陷的演出空间似乎是向下"挖掘"的结果，但实际上，剧场的设计最大限度保留了原始地面（剖面虚线）。与博物馆营造地下中庭空间的方式相同，剧场演出区的下陷形式是通过增加周围的结构高度来实现的（图3）。

按照不同的观察视角，坡地之上的萨莱米剧场向人们分别展示了它的水平与竖直两种尺度。从入口广场向东看去，环道与地面平齐，向前方延伸成为开放的观景台（图4）。当视角转向剧场东侧的上坡道路时，露台下方的基座则展示了一个近4米高、封闭而内敛的坚实体块。剧场如同卡尔米内马东纳修道院的后继者一般，重新矗立在进入萨莱米老城的必经之路旁，而镶嵌在基座石墙中的拱门残片进一步在图像上使剧场延续城市界碑的意义得以彰显（图5）。

41　Aquiles Raventós González, Claudio Vásquez Zaldívar. Due case, tre edifici pubblici: La arquitectura de Francesco Venezia. Santiago de Chile: ARQ, 1994.

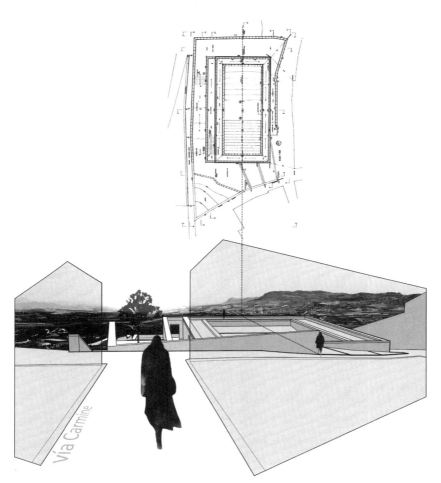

图 1 抵达萨莱米剧场路线示意

图 2 剧场入口广场

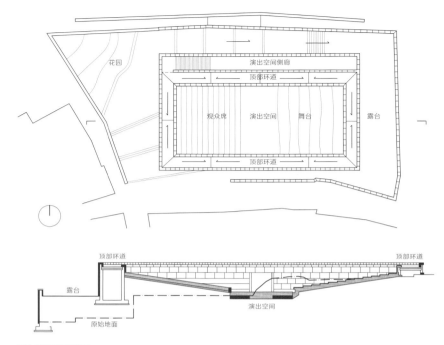

花园

演出空间侧廊

顶部环道

观众席　演出空间　舞台　露台

顶部环道

顶部环道　　　　　　　　　　　　　　　　　　顶部环道

露台

演出空间

原始地面

图 3 剧场平面与剖面
来源：根据 Francesco Venezia, Xavier Güell. Francesco Venezia. Barcelona: Gustavo Gili, 1988: 55. 重绘

图 4 入口广场视角中的景象

韦内齐亚在贝利切河谷作品的形式构成展现出一种相似的二元性：密实、坚固的外围结构包裹内部空虚的核心空间，后者因包含废墟残骸而呈现与外围结构完全相反的"脆弱"属性。正如格奥尔格·齐美尔（Gorge simmel，1858—1918）所说："（废墟）源于自然，归于自然。"[42] 韦内齐亚的设计尊重废墟的脆弱本质和其内在的循环规律。洛伦佐宫博物馆的旧立面、秘密花园深处破损的石柱、庭院开裂的地面和剧场舞台上散落的柱头，这些元素真实记录了贝利切河谷劫后余生的历史。同时，它们与新材料在物质表达上的不统一，以及被刻意置于的不稳定状态共同塑造了建筑核心遭受大地力量侵扰并依然处于危险之中的隐喻。这些内部空间凭借外围结构完成了对场地的占据，而它们自身的脆弱性质又反过来动摇了后者建立起的稳定意义。这种建筑内部与外部共存的关联与矛盾是韦内齐亚在贝利切河谷作品中的重要特质，也是将它们与所谓的"主流范式"区分开的因素之一。

萨莱米剧场充分展现了这种内部对抗张力的发展机制，它建立于建筑与基地在形式和意义相互渗透的关系之上。通过曼弗雷多·塔夫里（Manfredo Tafuri）所说的"非暴力转变"方式[43]，韦内齐亚在大地上创造出一个"空洞"，这是模仿"挖掘"行为的结果。剧场建筑与基地的图底关系演化为一种广泛的连续性，它不仅暗示了在空间中由下而上、性质上从自然到人工的生长过程，而且体现出场所中建造历史的积累成果。

需要注意的是，韦内齐亚侧重建立在叙事层面而非形式层面的秩序展现了他对于建筑连续性意义的批判性实践。在他的作品中，对如何让历史碎片"合法"存在于新建筑中的探讨往往让位于创造一种新的文脉关系。萨莱米剧场中央下沉空间与周围部分的关联操作就是很好的说明。

剧场的平面构成展示了建筑师对于两套几何系统的叠合处理。韦内齐亚依照旧有地形和修道院废墟轮廓确定了剧场最外围的梯形边界——这道边界同时也保护了演出空间不受自然场地的影响。梯形向外延伸的西北角与东南角使剧

---

42   SIMMEL, GEORG. Two Essays: The Handle, and The Ruin. New York: Hudson Review. 1958.

43   Manfredo Tafuri. History of Italian architecture (1944 – 1985). Jessica Levine, trans. Cambridge: MIT Press, 1989.

图 5 剧场东侧道路视角中的景象

第 3 章 多义的建筑

场外围边界呈现围绕中心矩形顺时针扭转的趋势。对此，韦内齐亚说："扭转，这在古埃及建筑中被称为直角的'菱形化'（romboidalización），意味着使一个呈现静止状态的建筑开始移动，使其行走于充满张力的游戏之中。"[44]

　　萨莱米剧场的外围与核心之间因几何差异产生的扭转趋势对应这两部分各自所面对和需要处理的不同情况。演出空间向内缩进的体量使剧场整体形式呈现清晰的上下叠加关系，因而对剧场采取的分隔策略不仅体现为"内与外"，也反映出"上与下"的关系。蕴含丰富历史信息的外围基座和上方中心规整的方盒子，二者的组合展示了从接受外部元素的开放场所向封闭自洽的内部空间的转换过程（图6）。这两个系统遵循独立的建造逻辑，提供不同功用，并拥有各自的隐喻——"（剧场上下两部分）如同两只紧握的手，象征两个世界之间不同寻常的接触：一个是来自地下的神秘世界，一个是接受阳光普照的现世（solar world），它们都被几何所主宰。"[45] 对韦内齐亚来说，复合的形式总是包含"抵抗"的力量，"两个系统间绝不会出现重合，它们始终是两个不同的几何形式"[46]。萨莱米剧场叠加并具有扭转关系的两个部分建构了历史与现实共存的形式表达，它们遵守各自规则，满足不同的功用并呈现各异的空间意义。这源自韦内齐亚的设计雄心：在贝利切河谷重建计划导致的均质现实中重构多元的时空性质。

　　与洛伦佐宫博物馆类似，萨莱米剧场中的不同空间场景和事件同样依照螺旋形路径逐步展开（图7）。入口广场向人们展示了一幅由水平延伸的环道，下沉的演出空间和远方绵延的田地、山脉所构成的全景图像。尽管中央矩形空间的西侧边缘与广场地面平齐，但环绕的白色条石构成了暗示性的界限，阻碍人们跨越界限。广场中的访客被引导进入沿地北侧边缘逐渐下降的坡道之中（图8），作为剧场核心的演出空间则在这个过程中逐渐消失。坡道的尽头是较低层级的露台，这里为人们提供了无遮挡的观景体验，同时也是剧场的建筑旅程再次转向和场景转换前的停顿（图9）。离开露台，一条向西延伸的狭窄道路似乎要带领人们返回入口广场，但右侧墙体中央位置毫无征兆出现的一个

44　Aquiles Raventós González, Claudio Vásquez Zaldívar. Due case, tre edifici pubblici: La arquitectura de Francesco Venezia. Santiago de Chile: ARQ, 1994.

45　Francesco Venezia. Scritti brevi 1975－1989. Naples: Clean, 1990.

46　同上。

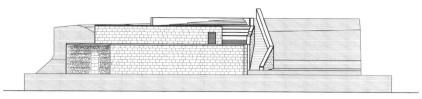

图 6. 剧场东侧立面

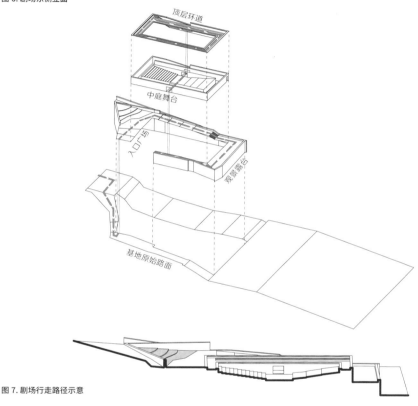

图 7. 剧场行走路径示意

低矮门洞却开启了进入演出空间的通道（图 10）。

　　穿越门洞标志着从室外场景到室内空间的快速切换。分隔观众席和舞台的道路位于整个空间的最低处，从而强化了行走其中的人们对于一个深入"地底世界"的场所的感受（图 11）。四周围合的厚重墙体阻碍了剧场核心领域与外

第 3 章 多义的建筑

图 8 入口广场侧边的坡道   图 9 剂

界的视线交流，演出空间由此完全脱离场地周围环境，而访客的体验也从远眺
广袤景观转为在形制规整的内向空间中观看演出。 演出空间并非剧场旅程的终
点。舞台北侧侧廊中的阶梯引导人们登上顶部环道（图 12，图 13），纤细条
石勾勒的轮廓赋予环道"轻盈"的质感，行走其间，可以同时看到远处的风景
和脚下的演出空间——在剧场旅程的最后，韦内齐亚再次让人们回顾了那幅由
自然、历史和建筑构成的全景图像。

　　根据运动形式和室内外场景的转换，可以将萨莱米剧场的人流路线分为两
部分：从广场出发的下行顺时针路线和从演出空间出发进入顶部环道的上行逆
时针路线。这两条方向相反的螺旋形运动轨迹按照先后顺序相接成为一条连续
的流线。矩形演出空间可见性与可达性的异步关系可以视作是韦内齐亚编排剧
场行走路线和营造心理体验的重要依据。人们在其中的运动伴随着可见而不可
达的急迫、目标消失后的期待以及不期而遇的惊喜，这些戏剧性的感受再现了
韦内齐亚所推崇的茱莉亚别墅下沉庭院中的空间游戏。

　　洛伦佐宫博物馆休憩室通过静谧的空间氛围表达了"去时间"的永恒性。
与之不同的是，萨莱米剧场的顶部环道以无休止的"循环运动"展示了永恒所
包含的"无尽"意义。尽管韦内齐亚对此少有论述，但剧场的这条回环流线可

图 10 演出空间的入口门洞

图 11 从舞台望向观众席

图 12 演出空间侧廊的上行楼梯

图 13 顶部环道

以看作是他对但丁纪念堂原型的发展，即在到达建筑空间和精神核心之后继续保持运动。这条无止尽，甚至无意义的道路传递出一种时空讲述：为了能够与广袤自然和悠长历史对话，人必须脱离自身的"即时性"，空间必须去除实用诉求。从这个意义上来说，这座剧场最终以无限的旅程向人们解释了有关"超越"（transcendence）的概念，通过纯粹的几何形式与重复的身体运动将个体与外部世界以及历史联系在一起。这不由让人想起弗朗西斯·叶芝（Frances Amelia Yates，1899-1981）[47] 在《记忆之术》中由朱利奥·卡米罗（Giulio Camillo）"记忆剧场"[48] 所引发的对"剧场"的概念阐释："他相信凡是人类思想能够想象的，我们肉眼无法看到的一切，经过勤勉沉思，并加以收集整理，都可以用某些物质的符号表达，其表达方式足以让观者看到深藏在人类头脑里的一切，这种物质上有形的观看，他称之为'剧场'。"[49]

韦内齐亚在贝利切河谷的建造物中将历史、现时和永恒所包含的时间意义都转换成了可感受的信息，使它们伴随着螺旋形的运动轨迹交替出现在建筑的内、外空间中。这一系列的时间线索并不是衡量工具，亦非历时（chronological）元素，而是使这些建造物得以被置于一个更为宏大、绵延序列之中的媒介。正如弗雷多·塔夫里所言，这些建筑使"历史性时间与悬停的时间"得以同时出现，从而使"物质与抽象（abstraction）建立了一种深刻的对话"[50]。

● 通向历史的路径：塞杰斯塔遗址群观览路线设计方案

古城塞杰斯塔坐落于西西里岛西北部的巴巴罗山坡（Mountain Barbaro）之上，距离北面戈尔福海堡仅 10 公里。戈尔福海堡曾长期作为塞杰斯塔的港口。公元前 7 世纪的塞杰斯塔是西西里原住民埃米人（Elymians）的重要贸易中心。在之后的古希腊和古罗马时期，塞杰斯塔虽历经战争，多次易主，但依然保持兴盛。直到公元 9 世纪，撒拉逊人（Saracens）的肆虐使塞杰斯塔逐渐衰败，

47　英国著名历史学家，专注于对文艺复兴时期的研究，曾任教于伦敦大学的瓦尔堡研究所。

48　自1519年起，意大利哲学家朱利奥·卡米罗（1480—1544）开始构想"记忆剧场"的建筑方案，并将其描述为"定位和处理所有与人类相关的概念和世界上的一切事物"。

49　弗朗西丝·叶芝.记忆之术.钱彦，姚了了，译.北京：中信出版社，2015.

50　Manfredo Tafuri. History of Italian architecture (1944–1985). Jessica Levine, trans. Cambridge: MIT Press, 1989.

最终被遗弃。

留存至今的遗址群是塞杰斯塔近 8 个世纪辉煌历史的见证，其中两处希腊时期建筑废墟更是盛名在外。巴巴罗山的一侧矗立着一座建于公元前 4 世纪的古老神庙。300 米的海拔高度让它可以俯瞰塞杰斯塔地貌的同时远眺戈尔福海堡港湾（图 1）。神庙平面尺寸约为 61 米 ×26 米，长短两边分别有 14 根和 6 根高约 9.3 米的多立克柱立于 3 级台阶之上（图 2）。横楣上基本完好的三陇板（triglyph），间板 (metope) 和三角山墙（tympanum）使它成为现今欧洲最完整多立克柱式的神庙之一（图 3）。令人不解的是，这座神庙似乎从未完成建设：立柱没有像其他同类型神庙那样刻上槽纹，也未发现内室（naos）和屋顶的痕迹。这些元素的缺失导致后人无法确认它的建设目的和其中供奉的神明身份。

在巴巴罗山的另一侧，坐落着一座建于公元前 3 世纪初的半圆形露天剧场（图 4）。石灰石墙体曾经支撑着 29 排座位（如今只剩下 21 排），最多可

图 1 塞杰斯塔神庙的视野景观（远处为戈尔福海堡港湾）
来源：xorge. https://upload.wikimedia.org/wikipedia/commons/3/32/3_Seges.ta_.%2833%29_%2812842352094%29.jpg

图 2 塞杰斯塔神庙远景
来源：Rabe, https://upload.wikimedia.org/wikipedia/commons/5/51/Segesta_-_Griechischer_Tempel_2015-03-29s.jpg

图 3 塞杰斯斯塔神庙近景
来源：Evan Erickson, https://upload.wikimedia.org/wikipedia/commons/2/26/Segesta-Temple02.JPG

第 3 章 多义的建筑

图 4 塞杰斯塔的古剧场遗址
来源：Ludvig14, https://upload.wikimedia.org/wikipedia/commons/a/ae/Segesta_AncientGreekTheatre_0987.jpg

同时容纳 3000 名观众。剧场舞台面向山谷开敞，卡斯特利亚马雷湾（Gulf of Castellammare）的壮丽景色成为舞台的天然背景。如今，这里依然会在每年夏季上演古希腊戏剧。

韦内齐亚针对塞杰斯塔遗址群的设计是在位于山脚下的省道公路、塞杰斯塔神庙和古剧场之间建立一条游览路线。在他与马赛拉·阿普里（Marcella Aprile）、保罗·迪卡特里纳（paolo de caterina）共同提交的方案中，建筑师尝试以一组建筑和连续的步行路线整合这片非凡景观中的自然与人工元素：高架桥、农舍、山脉、峡谷、矗立山巅的神庙以及镌刻在高地上的古剧场，同时建立一种在大地上螺旋上升的运动仪式（图 5）。

整段旅程起始于一座南北走向的细长建筑。这座紧邻省道的接待大厅凭借线性布局构建起一道通向古老世界的门界。大厅南端出口与一条小路相连，引导访客沿着山谷继续南行，直至神庙山脚下。在这里，建筑师创造了一座从外部无法辨认的"建筑"—— 一条在岩壁之中挖凿出的竖向通道。在这座"由回声和阴影组成"的建筑中，坡道围绕着中央竖井螺旋上升，设置在不同高度的

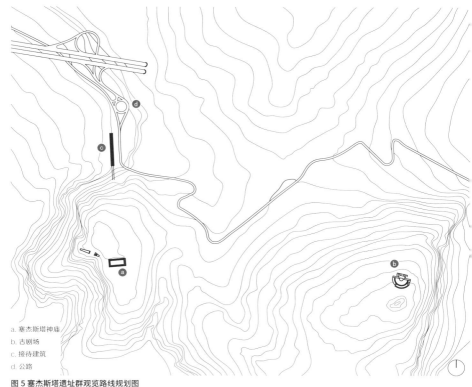

a. 塞杰斯塔神庙
b. 古剧场
c. 接待建筑
d. 公路

图 5 塞杰斯塔遗址群观览路线规划图
来源：根据 Pierluigi Nicolin. Quaderni di Lotus 2, Dopo il terremoto/After the earthquake. Milano: Electa, 1983: 113. 重绘

三条横向展廊陈列着挖掘出的考古发现。从竖井直贯而入的阳光是这座巨大地下建筑的关键性元素，它指引出口，将天空与深邃的洞穴相连。竖井顶部的锥形遮盖是这场"艰苦旅程"的终点标志物，出口处一条平缓的上升坡道指引人们重返"地上世界"。登上坡道尽头的狭窄楼梯，宏伟的塞杰斯塔神庙赫然出现在眼前（图6，图7）。建筑师在神庙与剧场之间并未特别铺设道路。人们需要沿山坡下行，再登上另一座山头。这条近2公里的自然旅程抹除了现代人工痕迹。当人们最终坐在剧场的古老石阶上，远眺阳光下的绵延山脉时，不久之前深邃洞穴中的攀爬经历恍如隔世（图8）。

韦内齐亚在项目说明中写道："我意识到在塞杰斯塔创造了一座拥有强烈

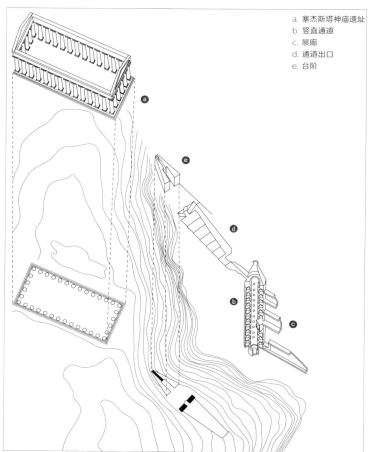

a. 塞杰斯塔神庙遗址
b. 竖直通道
c. 展廊
d. 通道出口
e. 台阶

图 6 竖向通道方案轴测图
来源：根据 Pierluigi Nicolin. Quaderni di Lotus 2, Dopo il terremoto/After the earthquake. Milano: Electa, 1983: 115. 重绘

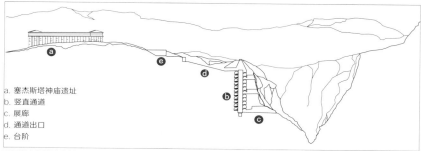

a. 塞杰斯塔神庙遗址
b. 竖直通道
c. 展廊
d. 通道出口
e. 台阶

图 7 竖向通道方案剖面
来源：根据 Pierluigi Nicolin. Quaderni di Lotus 2, Dopo il terremoto/After the earthquake. Milano: Electa, 1983: 114. 重绘

图 8 从古剧场遗址眺望远处山脉
来源：Andrea Schaffer, https://upload.wikimedia.org/wikipedia/commons/b/b5/Segesta_%2839550086741%29.jpg

遗忘或自我省略（self-omission）可能的建筑物……相比作品丰富的内容，我更关心的是建筑与场所形成的某种整体性。塞杰斯塔神庙将自身融入了景观中，产生了一种强烈的自我忽略的力量。这是另一种存在的形式，是一种奥秘的孤独，就像我和格雷戈蒂在开车过来的路上看到山顶上的那些小民宅。从这个意义上来说，塞杰斯塔神庙和山坡上的农舍之间存在着一种完美的对等关系。"[51]

韦内齐亚在山体中建立的这条从幽暗通往光明的"时间秘道"无论在形式上还是意义上都让人联想到柯布西耶山岩中的拉圣博姆（la Sainte-Baume）教堂设计。二者共同展现了一种长时段视角下建筑学与考古学的悠远关联，也成为对那些将形式作为炫耀资本的建筑设计的有力回应。

---

51   Francesco Venezia, Scritti brevi 1975 - 1989. Napoli: Clean, 1990.

第 3 章 多义的建筑

● 矛盾性的建构

> 作为建筑师，我们的工作是抵抗隐藏于建筑背后对于真实性的快速消费，是唤起一个抵御实用性时间的隐秘时刻。[52]

——弗朗切斯科·韦内齐亚

尽管韦内齐亚的建成作品并不多，但他在贝利切河谷中的四座建筑却是"八○年工作营"其他成员难以达到的成就。这不仅得益于其作品的小尺度和低技建造方法，更重要的是，这些作品似乎以一种建筑师也未曾预料的方式揭示了贝利切河谷现实问题的根源——一种自我反对的矛盾性。

韦内齐亚将自己的建筑置于可预见性的对立面。歧义和模糊性产生于结构和形式范畴之中物质、时间、记忆、感知、隐喻之间的复杂联系。它们作为抵抗现代主义普遍性意义的手段，在贝利切河谷得到了充分体现。当然，我们不能忽视时代精神对韦内齐亚的影响。1944 年出生的韦内齐亚正属于对现代主义进行深刻反思的一代，与他同代的还有雷姆·库哈斯（Rem Koolhaas），伯纳德·屈米（Bernard Tschumi），汤姆·梅恩（Tom Mayne）和马西米利亚诺·福克萨斯（Massimiliano Fuksas），以及在意大利以延续传统之名进行个人抵抗的克劳迪奥·达马托·圭列里（Claudio D'Amato Guerrieri）、弗朗切斯科·切利尼（Francesco Cellini）等。然而，就如同我们不能将韦内齐亚归为那些在贝利切河谷怀有激进或妥协态度的建筑师一样，也不能简单地将他划分到后现代主义队列中。这种让建筑系谱研究者陷入困境的原因来自韦内齐亚以个人怀旧和诗意的视角进行设计所付出的代价：普遍意义上的美学性失语以及与建筑主流范式的对话困难。

韦内齐亚的兴趣不在于对某种建筑语言的探索或艺术诠释，他的创作始于寻找或者建立一种具体且独特的建筑基础——其承载着大地的形式和意义。在贝利切河谷，与大地强烈的纠葛关系使他的作品如同"蜡封"般烙印在土地中，使之与代达洛斯迷宫产生了类比的可能（图 1）。两位建筑师在大地上通过"挖掘"刻画印记，其目的都在于"驯服"或在某种程度上"尊重"潜伏于大地深处强

---

52 Francesco Venezia. Architecture as evocation of concealed time // Bouman Ole. The invisible in architecture. New Jersey: Wiley, 1994.

图 1 代达洛斯迷宫
来源：Paolo Alessandro Maffei, Gemmae Antiche . Rome: Nella Stamperia alla Pace, 1709.

大且躁动不安的自然力量。韦内齐亚曾说："现代建筑师应该是一个不受干扰的（原文使用 immune/ 免疫的一词）的人，借助新潮或古朴的形式，他可以与自己的作品保持相同的安宁和平静，因为'形式'是独立于偶然事件而存在的。"[53]

　　韦内齐亚坚信一名真正的"现代建筑师"应秉持"自主"和"自由"的信念，这在他贝利切河谷的作品中表露无遗。去功能性特质使这些建筑具有了一定程度上的唯美主义色彩（"唯美"与"好看"是两个概念）。之所以说"一定程度上"，是因为这些作品同时也挑战了"和谐"与"成比例"——如果我们依然视其为建筑"美感"标准的话——的形式规范。这些作品的重点不在于对新技术的创造和运用，或是服务于某种特定功能，因此成为城镇中"异常"的存在。我们必须意识到，贝利切河谷的重建计划是建立在对功能和技术超越需求的追求之上，其带有形而上意义的目标背离了技术与功能本当应对的实用目的。这种矛盾使重建工作的宏伟目标与强调现实价值的操作手段之间不可避免地产生分裂，最终导致计划难以实现。韦内齐亚的作品与其所处城镇环境对比之下展现的"异常性"使之成为贝利切重建历史的警示和见证。

53　Aquiles Raventós González, Claudio Vásquez Zaldívar. Due case, tre edifici pubblici: La arquitectura de Francesco Venezia . Santiago de Chile: ARQ, 1994.

从这点上来看，贝利切河谷所遭受的自然灾难与人为改造为韦内齐亚和他的建筑提供了（尽管这样讲可能缺乏善意）合适的机会。如今，他的建筑作品无一例外地处于荒废状态：洛伦佐宫博物馆从未投入完工使用，作为精神象征的巨蛇雕塑在 2015 年丢失后再未恢复；"秘密花园"的池塘早已干涸，镶嵌废墟的墙壁上巨大的涂鸦"Gibellina regna"（吉贝利纳为王）、"Gibellina è la mia città"（吉贝利纳，我的城）是人民的宣言；破败的"庭院"与萨莱米剧场荒草丛生，露台上遍布垃圾。然而，不同于其他建筑师作品在衰退的大环境中呈现出的凄凉景象，这四座建筑与萧条的城镇之间似乎维持着一种平衡、和谐的关系。如此结果或许在建筑师不以实用功能作为目标的设计伊始就已注定。对韦内齐亚而言，新建筑也可以成为废墟，因为建立在废墟之上、装备现代化的城镇最缺乏的恰恰是承载记忆和历史的废墟。

韦内齐亚明白断裂的历史和记忆难以恢复，因此他在贝利切河谷的实践意义并不在于收集、保护或复原曾经的形式，而是要恢复一种建筑的基本模式，并由此重提在重建计划中被边缘化的建筑、人、自然与土地间关系问题的讨论。在作品中，他对于建筑永恒意义的探索表现为挥之不去的怀旧情怀与长时段视角。他的建筑往往由于宏大恒久的叙事所衬托出的现时与生命之短暂而具有伤感色彩，这与威廉·J.R·柯蒂斯在《1900 年以来的现代建筑》中对于古典主义在当下境遇的描述相吻合："在今天，古典主义唯一的可能性与面对现实时的忧郁视角相关，与事物的剧变和断裂相联。忧郁（Melancholy）是对那些正在回归其原初性质的秩序的沉思……废墟之所以如此迷人，是因为它们向我们展示了建筑物形式化与成长的方式。"[54]

与逝去历史的关联使韦内齐亚创造的充满纪念性的作品"漠然"存在于新城或面目全非的老城中。他敏锐地控制着光、材料与物质涉身性比喻，将它们与螺旋形路径共同塑造成一套闭环的讲述结构。在这里，时间、空间与叙事互相勾连，形成一种自我指涉（self-referential）系统。正是这种高度自足性和自主性给予了韦内齐亚作品超脱现实语境的资本。与此同时，建筑内部的矛盾与歧义消解了仪式性与纪念性的压迫姿态。在这些正在衰败的建筑中铭刻的不是权威阶级的丰功伟绩，而是一个民族共同经历的对抗遗忘的历史。

54　William JR Curtis. Modern architecture since 1900 . London: Phaidon, 1996.

3.3 球形圣堂：吉贝利纳新城圣母主教堂

卢多维科·夸罗尼 (Ludovico Quaroni，1911—1987)
来源：https://it.wikipedia.org/wiki/Ludovico_Quaroni#/media/File:LudovicoQuaroni.jpg.

卢多维科·夸罗尼于 1911 年生于罗马，1934 年毕业于罗马大学（Sapienza - Università di Roma），师从马塞洛·皮亚琴蒂尼（Marcello Piacentini）与恩里克·德尔·德比奥（Enrico Del Debbio）。第二次世界大战期间夸罗尼被囚禁于印度长达 5 年，在那里，他为监狱测量员讲授城市规划课程。夸罗尼在 20 世纪 40 年代完成的一系列作品和方案成为他参与社会政治辩论的工具。1947 年，他在罗马蒂布尔蒂诺区实施的 INA-CASA 公共住宅项目成为意大利新现实主义和理性主义的代表作品。1947—1954 年间，夸罗尼担任意大利国家城市规划研究所副所长，主持起草了包括伊芙雷亚、罗马、拉文纳、科托纳在内的多个城市规划方案。他的建筑代表作品包括在 1938 年和萨维利奥·穆拉托里 (Saverio Muratori) 共同设计的罗马 EUR 区帝国广场 (Piazza imperiale Roma EUR)、1949 年在滨海弗兰卡维拉（Francavilla al Mare）完工的圣玛丽亚·马焦雷教堂 (Chiesa di Santa Maria Maggiore)、1959 年落成的热那亚神圣家族教堂（Chiesa della Sacra Famiglia a Genova）、1978 年建成的科西米尼综合体建筑（Complesso polifunzionale Cosimini）等。除设计实践外，夸罗尼还是一位丰产的建筑理论家和教育家，他出版了包括《巴别塔》（*La torre di Babele*，1967），《实体城市》（*La città fisica*，1981），《一座城市的项目：十节课》（*Il progetto per la città：Dieci lezioni*，1996）等在内的诸多重要著作。夸罗尼同时在罗马、那不勒斯、佛罗伦萨等大学建筑学院任教，深刻影响了众多意大利现当代重要建筑师。

我相信乌托邦，它有能力推动现实前进，可以从愚蠢的日常苦难中提升现实。我相信这巨大的、物质的、由道德价值构建而成的现实，它是一个可以接受的现实，我不相信那些对外界漠不关心的、甚至违背现实的梦想价值。

　　……

　　我相信文化的力量和价值，是唯有用美好、善意、有益和愉悦才能发掘的力量。

　　我相信城市是一件艺术品，一件由空间和象征性结构组成的不断变化的艺术品。

　　……

　　我认为建筑更像是艺术品，一件封闭、完整、完美的作品，它本身就是纪念碑。但是我同样认为，今天需要的是对这种整体、封闭和完美的打破，我相信无限的开放作品会随着时间的流逝而发生变化。

　　我相信拥有鲜活生命力的纪念碑的存在，因为我相信我们的感知能力、感知方式以及各式各样的教育都已经发生了改变。因此，我相信在那些至今尚未提及的建筑和城市中存在着新的可能。

　　　　　　　　　　　　　　　　　　　　　　　——卢多维科·夸罗尼

　　以上夸罗尼在 1967 年"城市建筑学"（L'architettura della cittá）讲座中梦想家式的话语向我们展示了他作为建筑师和规划师对于创作的理解：首先对现实要有充分、透彻的理解和认识，之后再将文化、艺术、建筑和城市转变为优化现实的有力工具。这份"工具"背后无限的生命力在他的畅想中一次次被挖掘并得到延续。这种思考恰恰契合了卢多维·科劳在重建吉贝利纳新城时的愿景：在历史被摧毁的地方，只有艺术才能重组破碎记忆原有的层次和秩序，只有一个强大的文化项目才能使满目疮痍的土地重新孕育生命，开出新的花朵。科劳一直坚信世俗的、现代的和民主的艺术在教堂或豪宅中无法发挥作用，它们必须出现在公共空间中，为所有人服务。

　　夸罗尼的城市理念强调对未来的发展和变化应有所预留。城市生活永远都处于发展中，如果建筑师不能灵活应对这种现实的"善变"性，那么其创造的空间在未来很可能十分受限，而这种被动局面会进一步对社会产生反作用，使那些过时甚至有害的因素成为城市中难以更改的"永恒"之物。对此，他在《巴

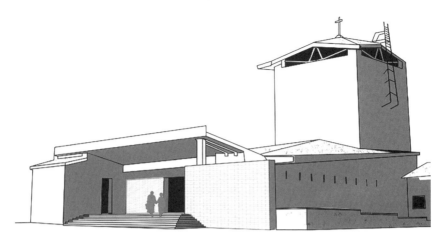

图 1 马泰拉村教堂示意图

别塔》一书中批评了设计者试图将城市视作一个单体建筑予以整体控制的妄想："建筑师无论是自然而然的反应还是通过专业的错误训练，都倾向于控制整个城市，就好像它是一个单体建筑。然而，正如我们所知，神话中虚构的巴别塔从未完工。" [55]

　　吉贝利纳新城圣母主教堂的设计始于一片近乎荒芜的城镇空地。如前文所述，基建优先的建设策略使劳拉·塞梅斯在市中心规划的包含一系列公共建筑和文化设施的"新城历史中心"主轴线迟迟未能完工，而圣母主教堂却是其中最早落成的项目之一。在此之前，夸罗尼已在热那亚和滨海弗兰卡维拉完成了两个重要的教堂设计，其场地丰富的周围环境为他探讨宗教建筑物与城镇世俗空间的联系提供了基本参考（图 1）。吉贝利纳新城的情况与前二者相反，正因如此，这片区域未来的可能性成为建筑师在设计中思考的重点。夸罗尼以设想中的城镇景观确定了建筑选址和形式，并对主教堂与周边未来建设项目的关系提出建议。这些基于预想所作的设计以及保留的可能性体现出他对建筑与城镇有关"变量"的思考。

55   Ludovico Quaroni. La torre di Babele. Venice: Marsilio Editori,1967.

图 2 吉贝利纳新城圣母主教堂

圣母主教堂位于"新城历史中心"轴线北端的丘陵顶部,这里是平缓的吉贝利纳新城的至高点。矗立在眺望全城风景的最佳位置,主教堂醒目的白色球体成为方圆数里之内清晰可见的标志物(图 2)。如此选址的原因很明显,夸罗尼的设计意图绝非让圣母主教堂超脱环境成为瞩目的"明星",而是希望它成为表达新城社区凝聚力的场所,成为人们日常生活中的焦点。

圣母主教堂作为城镇空间链中的特色一环,通过重新处理地形和空间秩序,将人们的体验与关注从主教堂建筑扩展到整个丘陵地带。在设计方案中,主教堂与市中心及其周边公共建筑相互连通的同时,也保证了其与世俗建筑间必要的间隔(图 3)。此外,夸罗尼充分利用丘陵的隆起地形将广场和庭院等开放空间布置在背向城镇的一侧或建筑体内,以此最大程度凸显主教堂的主体结构。

在设计过程中,夸罗尼曾对方案进行数次更改,但以简单的几何形式营造强大空间纪念性的形式逻辑得到了保留。包裹圣坛的白色球体[56] 镶嵌在约 50 米边长的正方体基座中,方形体量以圆球为中心被切分成承担不同功能的四个部

56　夸罗尼曾计划将球体覆盖亮蓝色的陶瓷饰面,以表达这是"上帝的建筑"。

a.圣母主教堂，b.洛伦佐宫博物馆，c.剧院（设计：孔萨格拉），d.“相遇”（设计：孔萨格拉），e.停车场
f.联排住宅（设计：翁格斯），g.药剂师之家，h.皮雷罗之家

图3 吉贝利纳新城历史中心现状平面

根据 Pierluigi Nicolin. Quaderni di Lotus 2, Dopo il terremoto/After the earthquake. Milano: Electa, 1983: 57. 重绘

分（图4，图5）。主教堂墙面的混凝土框架裸露在外，中间填充当地出产的金
黄色砂岩片，形成粗糙有力的立面表现的同时，与白色球体形成强烈的材质与
光影对比（图6）。在最初方案中，夸罗尼曾一度希望直接利用老城废墟材料
建造主教堂墙面，使材料性的对比承载更多的时间与历史意义；但这个设计最
终未能实现。

　　在塞梅斯制定的新城历史中心规划中，这座丘陵原本将以圣母主教堂为中
心向外辐射出不同的公共活动空间。夸罗尼的设计显然是基于这个计划展开的：
以白色球体为中心的下沉广场同时为宗教仪式和世俗活动提供场所，由花坛组
成的屋顶平台则成为居民歇息的小天地（图7，图8）。然而，随着公共空间建
设计划的落空，建筑师设想主教堂应在城镇层面发挥的作用也无法得见。受各
方因素影响，主教堂项目的建设一直进展缓慢，直到夸罗尼去世时仍未完工。

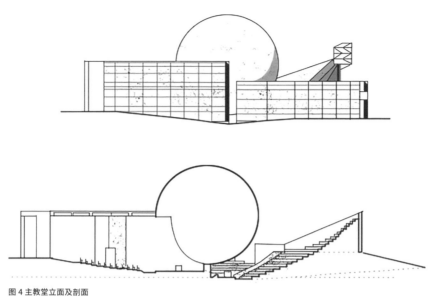

图 4 主教堂立面及剖面
来源：根据 Ludovico Quaron, Ludovico Quaron. Progetto. Prospetti . Milano: Electa, 1989: 143. 重绘

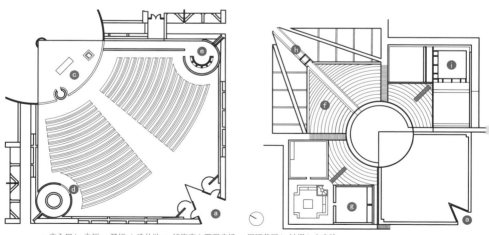

a. 主入口 b. 主厅 c. 圣坛 d. 洗礼池 e. 忏悔室 f. 下沉广场 g. 屋顶花园 h. 钟塔 i. 内庭院

图 5 主教堂主厅平面及屋顶平面
来源：同上

图 6 主教堂外墙

图 7 主教堂下沉广场

图 8 主教堂屋顶花园

在最后的岁月里，建筑师仍希望能填补上主教堂周围的公共设施，因为在他的构想中，只有这样主教堂才能真正深入新城的城镇结构和社区生活，成为一件完整的作品。

今天，圣母主教堂如孤岛般矗立在荒凉的山头，半途而废的城镇建设使市中心在空间上也产生了多处断裂，这在很大程度上降低了位于丘陵顶部且靠近城镇边缘的主教堂的可达性。居民对此多有怨言。平日里，主教堂周围空旷无人，周末，市中心的街道则成为来此参加弥撒居民的停车场；但是，面对近60米长的入口台阶，也有行动不便的居民拒绝来此参加活动（图9，图10）。

在背向城镇的一侧，两面升起的砂岩片墙作为主教堂的次入口，同时也承托起下沉广场中的坐席。墙体交汇处架起的金属框架内悬挂着一尊青铜钟（图11）——老城主教堂的震灾遗物，它成为吉贝利纳新城中少有的维系居民与旧家园情感关联的重要元素。

图9 主教堂入口台阶

图 10 主教堂入口

图 11 主教堂次入口及钟塔

纯粹的球体在很多文化中都被认为是接近神域的形式，在建筑史中也不乏球体的经典案例，例如法国新古典主义时期，路易斯·布雷（Louis Boullée，1728—1799）的牛顿纪念中心方案（Cenotaph for Newton，图12）、尼古拉斯·勒杜（Nicolas Ledoux，1736—1806）的公墓方案（Cemetery of Chaux，图13）都以球体象征苍穹，而在荷兰画家耶罗尼米斯·博斯（Hieronymus Bosch，1450—1516）的笔下，尘世乐园（Garden of the Earthly Deligts）中蓝色球体会幻化成孕育万物的宇宙（图14）。在对西西里岛产生深刻影响的阿拉伯文化中，宗教建筑采用球形穹顶更是拥有悠久的传统。

在圣母主教堂的设计中，夸罗尼将球体完美、连续、无限和超自然的象征意义与主教堂的精神核心——圣坛空间结合在一起。从平面上看，球体的四分之一部分与主厅重叠，强调了沿正方形平面对角线的轴对称布局，并在主厅圣坛后方创造了一个无法进入的球形空腔。空腔内表面的金色马赛克在灯光的照射下熠熠生辉，成为圣坛明亮的背景（图15）。光线是主厅仪式路径设计中的重要元素，夸罗尼对此写道："与明亮的穹顶不同，入口处显得黑暗而质朴。因此进入主教堂时，人们会获得一种宏大宽广的体验。一旦经过中心，人们就会感觉空间在圣坛的高度沿着光线的方向逐渐变窄。主厅另外两个转交处尽管有垂直狭缝，但光线难以渗入，这里分别布置着洗礼池和忏悔室。"[57]

圣母主教堂从施工到使用的过程颇为曲折。1994年8月15日，建设当中的主教堂屋顶坍塌，事故原因众说纷纭：结构计算错误，采用劣质建筑材料，建筑公司与黑手党勾结等莫衷一是。距离大地震已经过去近30年，新城依然没有正式的宗教场所，事故使主教堂工程再次拖延。对于习惯了老城曾拥有七座教堂的人们来说，等待的时间太过漫长，一些人自发用从老教堂废墟中寻回的圣器和仪式用具将新城社区活动中心改造成为临时的弥撒场所，而当时举办婚礼甚至需要借用学校教室。

如今，除了圣母主教堂外，吉贝利纳新城还有一座圣约瑟夫教堂。后者是由居民、当地宗教团体出资建造，其中包括在本地担任神父超过50年的因泽里洛（Father Inzerillo）。许多居民因此认为圣约瑟夫教堂与他们的情感联系更

57　Maurizio Oddo. Rivisitato. [2020-07-15]. http://sicilygibellina.altervista.org/la-grande-sfera-bianca-di-ludovico-quaroni/?doing_wp_cron=1615024527.0570631027221679687500.

图 12 牛顿纪念堂（设计：路易斯·布雷）▲
来源：https://www.archdaily.com/544946/ad-classics-cenotaph-for-newton-
etienne-louis-boullee?ad_source=search&ad_medium=search_result_all

图 13 Chaux 公墓（设计：尼古拉斯·勒杜）▶
来源：https://gallica.bnf.fr/ark:/12148/bpt6k1047050b

图 14 尘世乐园（局部，耶罗尼米斯·博斯）
来源：https://www.fondazionemanifesto.org/en/curatorial-concept

图15 在圣母主教堂主厅内举行礼拜仪式

为紧密。据说，因泽里洛本人不希望在圣母主教堂中主持弥撒，尤其是在那次屋顶坍塌事件后，他很长时间都拒绝前往那里。老一辈居民将圣母主教堂戏称为"圆球教堂"："千万别让那个球滚下来压碎这座城镇，再次带来灾难！"当地居民更多把它视为一件孤独的艺术品，而不是生活中不可或缺的宗教场所，因为在他们看来，一座教堂应该承载当地社群的历史。甚至有居民因为不认同新教堂而选择去邻村未损毁的老教堂参加弥撒。

　　然而，值得庆幸的是，随着时间流逝，情况似乎有了转机。相比父辈，年轻一代对这座主教堂并不排斥，硕大圆球下的露天广场已经成为他们的娱乐场地。这或许是夸罗尼坚信的城镇中的恒久"变量"在发挥作用。对于未曾见识过老城的震后一代来说，新城便是他们的专属记忆和情感归属，而苍穹下闪耀的"白色星球"寄托着他们对新生活的梦想。正如夸罗尼所说："我相信明天的城市。尽管我们不知道它确切会是什么样，但是它肯定会是奇妙的、宏伟的、强大的和甜美的。"[58]

58　夸罗尼．"城市建筑学"讲座．1967．

3.4 作为连接的间隔：斯特凡诺之家

从平缓的吉贝利纳新城出发向东行进，地势陡然抬升。这片位于萨莱米和圣宁法两市交界处的丘陵地带在地震之后划归吉贝利纳新城所有。山丘上坐落着一组由新旧建筑组合成的建筑群，它们是奥莱斯提亚蒂高等文化基金会总部(Fondazione di Alta Cultura Orestiadi) 和地中海编织博物馆（Museo delle Trame Mediterranee）。这组坐南朝北的建筑群源自一座 19 世纪的农庄"斯特凡诺之家"（Case di Stefano）[得名于最后一任领主斯特凡诺男爵（Barone Di Stefano）]，主要包括领主家族居所和农务仓库，以及配备齐全的生产生活设施（图 1）。18—19 世纪，田园生活风潮席卷巴勒莫西西里贵族阶层，他们热衷于在收获季节回到乡野，在务农生活体验中度过悠长假期。这种风尚影响了当时西西里的传统农业经济结构，也催生出特定的建筑类型。贵族大力投资农业，在乡野建设庄园，竞相攀比建造规模和装修质量，将普通农用建筑发展成豪华别墅，被田野环绕的斯特凡诺之家便是这种建筑模式的代表。如今，精美的私人宅邸依然与简易农舍共存于西西里的乡村中。

图 1 斯特凡诺之家的庭院
来源：Fondazione Orestiadi, 摄影 :Luca Savettiere

第 3 章 多义的建筑

1968 年地震发生之前，斯特凡诺之家已荒废，而震灾中数座建筑结构又惨遭损毁。1981 年，吉贝利纳市政府决定买下这片建筑废墟，委托建筑师马尔切拉·阿普里莱（Marcella Aprile）、罗伯托·科洛瓦和特蕾莎·拉罗卡（Teresa La Rocca）进行复原性重建与改造。委托方希望在恢复贵族农庄建筑原始特征的同时将整个建筑群扩展成为包括博物馆、文化机构和艺术工作室等功用在内的地方文化中心。

　　三名建筑师首先对场地中遗留的建筑残骸进行了仔细勘察。通过挖掘建筑残片和对比原始资料，他们逐步确定了斯特凡诺之家原有建筑、庭院、道路与露台之间的组合关系，作为整体的建筑群与坡地相互适应的方式也渐渐清晰。复建后的斯特凡诺之家展现了西西里贵族农庄兼具度假休闲与农业生产的功能特点（图 2）。两座南北朝向矩形平面的主体建筑，北侧面向田园风光的二层建筑是原居住用的男爵府，南侧形式简单的单层通高建筑是原谷仓。除了两栋主建筑外，西侧翼的一栋小楼曾用作农民住所和农具仓库，南端设置独立的牲畜棚。这一系列大小不等、具有严格等级和功能区分的建筑围绕着长 80 米、宽 20 米的庭院布置。庭院东端开敞，由南向北缓坡下降，靠近男爵府的一口古井被保留。

　　在恢复场地历史形制的同时，建筑师也对两座主体建筑的内部空间进行了重新设计，以应对日后多种功能需求。男爵府中的小房间被用作基金会办室和小展区，谷仓大空间成为 1991 年由卢多维科·科劳建立的地中海编织博物馆的主展厅。除了对历史建筑的改造外，建筑师们还沿场地北侧边界新建了一座二层建筑，作为新锐艺术家的个人工作室和展示空间（图 3）。这座新建筑与男爵府尺度相当，但略微向东扭转，与场地北侧道路平齐。新加入的体量从根本上改变了原来由斯特凡诺之家确立的空间结构。男爵府不再是整个场地的边界，也失去了眺望田园风光的机会，而是作为中间元素在艺术家工作室和谷仓展厅之间起到分隔及过渡作用。男爵府与工作室围合成的新庭院同样向东侧开敞（图 4），除了承担与原有庭院同样服务于公共访客的功能外，新庭院也为工作人员和艺术家提供了室外休憩空间。

　　在建筑师看来，从私人宅邸向迎接大众的公共文化中心的功能转变并不意味着建筑群的空间性质也要产生相应变化。新建工作室虽然改变了历史元素在

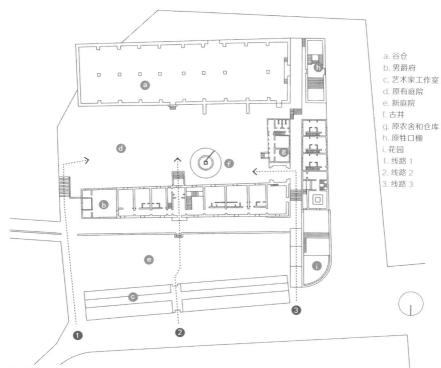

a. 谷仓
b. 男爵府
c. 艺术家工作室
d. 原有庭院
e. 新庭院
f. 古井
g. 原农舍和仓库
h. 原牲口棚
i. 花园
1. 线路 1
2. 线路 2
3. 线路 3

图 2 斯特凡诺之家扩建方案平面
来源：根据 Eumiesaward. Ricostruzione e rinnovo delle Case di Stefano.[2020-12]. https://www.miesarch.com/work/309. 重新绘制

图 3 扩建后的斯特凡诺之家 (由近至远：艺术家工作室，男爵府，谷仓展厅，右侧弧形建筑为小花园)
来源：Fondazione Orestiadi, 摄影 :Luca Savettiere

图 4 男爵府北侧的新庭院

场所中扮演的角色，却依然延续了斯特凡诺之家建筑和庭院组成的半围合模式。工作室以连续体量和简单立面在场地北侧再次树立起一道厚重的边界，重现了斯特凡诺之家内向聚合的空间性质。同时，新建筑遮挡了后方的一系列的庭院与历史建筑，使它们成为需要深入探查才能发现的惊喜。

　　作为使建筑相互分离的间隔元素，新旧两个庭院并未对整个场地空间造成阻隔；相反，在对文化中心场所结构进行重组的基础上，建筑师通过置入三条贯穿建筑群的道路，使这两片"空白"区域不仅成为编排从工作室到基金会办公室，再到博物馆功能过渡的重要元素，还使访客在逐级深入历史场所的过程中获得了不同又各自连续的空间体验：① 场地东侧一条宽阔的道路充分利用了两座庭院的开口，供人们在其中自由出入（图 5，道路 1）。由于原有场地与新增场地之间存在较大高差，道路尽头布置一段台阶供人们进入原有庭院。② 与这条宽阔自由道路形成对比的是建筑群西侧的道路。工作室和花园之间一条笔直向上的小径吸引访客拾级而上，经由农舍门廊向东转入老庭院（图 5，道路 3）。

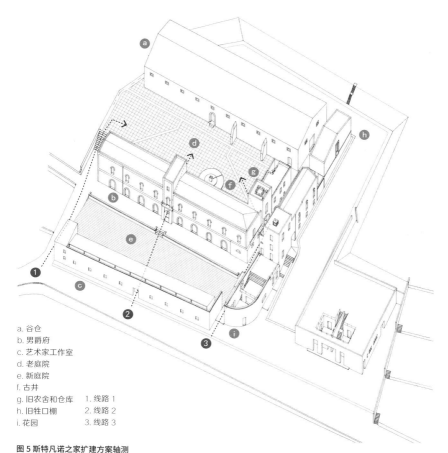

a. 谷仓
b. 男爵府
c. 艺术家工作室
d. 老庭院
e. 新庭院
f. 古井
g. 旧农舍和仓库　1. 线路 1
h. 旧牲口棚　　　2. 线路 2
i. 花园　　　　　　3. 线路 3

图 5 斯特凡诺之家扩建方案轴测
来源：根据 Eumiesaward. Ricostruzione e rinnovo delle Case di Stefano.[2020-12]. https://www.miesarch.com/work/309. 重新绘制

这条狭窄小路使人们有机会近距离感受道路两侧新旧建筑的交替变化。③ 与前两条利用原有空间形式发展出的路径不同，第三条路线是借由对旧建筑的改造实现的（图 5，道路 2）。建筑师在工作室和男爵府两座建筑的中央位置开设门洞，创造了一条穿越建筑、连接新老庭院的"隧道"。室内与室外环境的反复交替成为这条道路区别于其他路线的最大特点。尤其是在男爵府的门洞出口，由于场地坡度陡增，人们需要登上一段狭窄的台阶才能到达老庭院（图 6），建筑由此成为不同时期建造的场所之间的转换媒介，宽阔庭院与狭窄建筑通道的交替转变更增强了访客的行走体验（图 7）。这条持续上升的路线带领人们进入由不同时空情节组成的连续叙事之中。

图 6 穿越男爵府进入老庭院
来源：Fondazione Orestiadi, 摄影 :Luca Savettiere

图 7 穿越建筑逐渐上升的第二条路径剖面
来源：根据 Eumiesaward. Ricostruzione e rinnovo delle Case di Stefano.[2020-12]. https://www.miesarch.com/work/309. 重新绘制

　　在工作室和新庭院的西侧，一面弧形墙体围合成的扇形小花园虽不承载办公和展示功能，却是斯特凡诺之家中历史建筑和人造景观的重要元素。受阿拉伯传统文化影响，西西里人对花园情有独钟。他们擅长在干旱环境中排布灌溉系统，修建喷泉，种植农作物或花卉打造各式主题的小庭院。栽植典型地中海植被的花园如今仍是西西里民居院落的重要组成部分。在斯特凡诺男爵接手农庄之初，就从附近山上引水，并在庭院中修建了地下蓄水池和灌溉系统。他建造了一座花园，种植茉莉、罗勒、紫藤、锦葵、迷迭香等芳香花卉。尽管这个花园和灌溉系统在重建之前就已损毁，但场地中依然保留了原有的部分植物、座椅和铺地材料。

根据这些遗留元素，建筑师们在花园原址上重建了一座现代花园。二层通高的弧形石墙在北端围合出一个内聚的私密内院，南端开放的屋顶平台可供人们登临远眺。花园将人工与自然两种景观汇聚一身，成为贝利切河谷传统人文景观中微小却精彩的符号。

凭借建筑与历史文化的紧密结合，斯特凡诺之家的重建和改造项目入围了1990 年"密斯·凡·德罗欧洲当代建筑奖"的评选。如今，这里已成为一座公共艺术舞台：老庭院中常年布置露天剧场，其东侧的开口处矗立着米莫·帕拉迪诺（Mimmo Paladino）的大型雕塑《盐山》(Montagna di Sale)。艺术家使用混凝土、玻璃纤维和碎石建造了一座长 45 米、宽 20 米的白色圆锥山体，其上或立或躺地散落着 30 匹象征"历史记忆"的木马。这件作品原本是帕拉迪诺在1990 年为埃里奥·德·卡皮塔尼（Elio de Capitani）执导的弗里德里希·席勒的（Friedrich Schiller, 1759—1805）悲剧《墨西拿的新娘》（Die Braut von Messina）而做的舞台设计。男爵府、谷仓以及与远山相连的盐山共同构成了剧中西西里的古堡场景。这件作品的名字源自西西里文明中重要的"盐文化"：高盐度的土壤塑造了西西里人民艰难的农垦历史，而这座岛屿上孕育出的丰富文化与艺术成就又随着盐商的足迹走向世界。

《盐山》分别于 1995 年以及 2011 年意大利统一 150 周年之际在那不勒斯的平民表决广场（Piazza del Plebiscito）和米兰大教堂（Duomo di Milano）广场复制展出（图 8）。美国哲学家亚瑟·丹托（Arthur Danto, 1924—2013）高度评价了这件室外装置在当代艺术中具有的崇高地位，他在展览的宣传册中写道："没有什么能与之相提并论。这些古老的马儿仿佛在盐山上竭力挣扎，产生了一种神奇的炼金场景。"

位于男爵府中的奥莱斯提亚蒂高等文化基金会显然意识到这件作品对于地中海文明的象征意义以及它所呈现的大地意象与这里曾经遭受灾难的关联，在

图 8 米兰大教堂广场的《盐山》，2011 年
来源：Lino M. https://commons.wikimedia.org/wiki/File:Cavallo_nel_sale_(5939746550).jpg

戏剧演出结束后，他们保留这组室外装置作为永久展出的公共艺术品。随着时间的推移，雪白的盐山逐渐褪色，灰暗的混凝土上也生长出灌木，唯有那些木马依然保持着作品诞生时"出生"或"垂死"瞬间的挣扎姿态（图 9）。

　　《盐山》已被视为贝利切河谷本土文化的标志，而基金会与地中海编织博物馆的藏品也成为西西里乃至地中海世界文明的缩影。基金会不仅收藏大量西西里当代的绘画作品，而且还鼓励艺术家在此创作。博物馆除了拥有大量服饰和地毯等编织藏品外，也不乏地中海世界各处的珠宝、陶器等各式手工艺品（图 10）。它们有的属于当地历史文物，更多的则来自捐赠。这得益于吉贝利纳新城在重建过程中与国内外众多艺术家建立的密切联系，他们的慷慨馈赠不断丰富着这里的展品。

　　作为博物馆的建立者之一，卢多维科·科劳坚信手工艺是反映地域文化和

图 9 褪色的《盐山》
来源：codas. https://commons.wikimedia.org/wiki/File:Montagna_di_Sale_1.jpg

图 10 谷仓博物馆展厅
来源：Fondazione Orestiadi，摄影：Luca Savettiere

人民智慧的重要形式，这里的每一件展品都述说着在地中海历史空间下独具特色的创造性文化。在遭受震灾后，这些共同体和多元性的价值显得尤为珍贵。如同整座文化中心所展示出的对遭受破坏的时空连续性的修补和连接，从这些艺术品中也将产生让贝利切河谷再次团结于地中海世界的力量。

3.5 场所逻辑的解构与建构：萨莱米圣母教堂

阿尔瓦罗·西扎 (Álvaro Siza Vieira)
来源：Manuel de Sousa. https://commons.wikimedia.org/wiki/File:Siza_Vieira_na_Exponor.JPG

　　阿尔瓦多·西扎 1933 年出生于葡萄牙马托西纽什（Matosinhos），1955 年毕业于波尔图艺术学院，获建筑学学位。作为葡萄牙和欧洲当代最重要的建筑师之一，西扎先后在波尔图建筑学院、洛桑联邦理工学院、宾夕法尼亚大学、哈佛设计学院等地任教。其作品代表作包括 Leça 游泳池、西班牙加利西亚艺术中心、波尔图建筑学院新校区、里斯本基亚多（Chiado）历史街区修复、巴西伊博尔卡马戈基金会等。西扎是 1988 年密斯·凡·德罗欧洲建筑奖、1992 年普利兹克建筑奖、2009 年英国皇家建筑师协会金奖和 2019 年葡萄牙国家建筑奖等众多国内外重要奖项的获得者。

位于萨莱米老城最高处的圣母教堂（Chiesa Madre）始建于 1615 年，由西西里建筑师马里亚诺·斯米里格里奥（Mariano Smiriglio，1561—1636）设计并负责先期工程，在更换多位建筑师后，终于在 1761 年完工。在 1968 年大地震前，这座萨莱米教区教堂已矗立在山城之巅长达两个多世纪。

事实上，此次震灾并未完全摧毁萨莱米圣母教堂。除了外部支撑结构和部分屋顶损毁、坍塌外，建筑的大部分立面、半圆形后殿、中殿、翼廊以及室内设施基本保存完好（图 1）。然而，在震后的混乱时期和贝利切河谷重建计划中，政府并未对教堂开展抢修，而是将大部分资源投向了新区建设。被弃用的圣母教堂在风雨侵蚀下逐渐破败。更糟的是，这里很快成为投机者和艺术品贩子的天堂，大量宗教礼器与艺术珍品在这里进行暗地交易。眼见局面逐渐失控，同时也为了避免建筑的倒塌风险，政府最终下令拆除教堂的大部分结构，仅留下后殿和部分侧室（图 2）。从自然灾害中幸存下来的圣母教堂在更加恶劣的人为破坏中彻底被毁。

"往者不可谏，来者犹可追。"当新区建设的热潮逐渐褪去时，萨莱米政府将目光转向了对老城区的恢复工作。1984 年，受特拉帕尼省天主教马扎拉 - 德尔瓦洛教区委托，西扎与罗伯托·科洛瓦来到萨莱米，着手对圣母教堂和其所在城镇历史中心进行修复和改造。他们面对的是由教堂遗址和市中心阿莉西亚广场（Piazza Alicia）组成的一块长约 100 米楔形场地（图 3）。场地被民居环绕，其西北侧是萨莱米古城堡，周围狭窄、蜿蜒的街道曾经引导着世代城镇居民从各处来到这块场地参加宗教仪式或庆典活动。为了重新发掘和巩固这处历史地块在城镇空间和居民生活中的重要意义，西扎与科洛瓦的工作不仅是对教堂遗址的保护和改造，还包括重塑场地中两座历史建筑间的相互关系，以及重新组织这片公共空间中的流线。面对多元的既有条件和教堂严重损毁的状态，两位建筑师意识到若想解决场所中由众多复杂关系导致的问题，就必须回避一种归纳性和整体性的处理方法。对此，西扎说："当我们试图用统一的语言来解决所有问题时，（这座）建筑的价值将一去不返。"于是，他开始关注自然和人为灾难使教堂和历史场所内部产生的一种微妙的"抗拒力"，并将对于这种"抗拒力"的感知作为使人们重新认识此处的契机。

在西扎的作品中，空间的连续性、整体性与恒常性往往让位于由个人行为

图 1 震后圣母教堂室内
摄影：Salvatore Riggio Scaduto

图 2 圣母教堂被拆除
摄影：Salvatore Riggio Scaduto

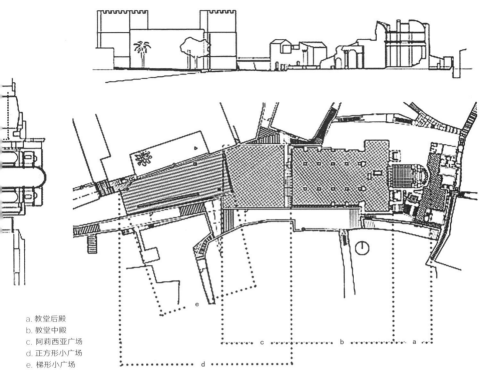

a. 教堂后殿
b. 教堂中殿
c. 阿莉西亚广场
d. 正方形小广场
e. 梯形小广场

图 3 圣母教堂及其场地修复 - 改造方案平面
来源：Francesco Venezia, Mimmo Jodice. Salemi e il suo territorio . Milano: Electa, 1992: 189.

和随机事件引发的瞬时感受。通过对领土特质的发掘，他致力于探索将非一致和个体化的叙事结构运用在强大的历史空间及语境之中，并由此产生一种对于历史空间及其讲述更加当代的观察视角。萨莱米圣母教堂及其场所的修复 - 改造向我们提供了阅读这种设计方法和转化机制的良好机会。

　　建筑师对于"统一性"的辩证操作首先体现在对教堂周边场地的重新划分。他们敏锐地观察到教堂和城堡两座历史建筑之间存在的夹角，将之作为划分场地的基本参考。图 3 清晰地展示了原本统一的阿莉西亚广场被分割成两个部分：东侧的正方形区域延续了教堂的正西朝向，西侧梯形部分的短边界则与城堡保持平齐。在确定了边界形式之后，建筑师运用不同的铺地材料和铺装方式赋予这两个地块各自的特征：梯形区域地面选用细长的矩形地砖，按照场地短边方向及城堡的朝向铺设；正方形区域地面选用方形地砖，沿对角线方向铺设，这与教堂中殿的地面铺装相同。铺地形式的区分进一步明确了阿莉西亚广场的两个部分与城堡和教堂的对应关系，它们分别成为两座历史建筑前的小广场。除去彼此的差别，两个小广场的铺地在整体上又与场地南北两侧居住区街道中更加细密的地砖有着明显区别（图 4）。阿莉西亚广场在拥有内部差异的同时，面对外部环境又呈现出一种整体性质。这种随条件和参考而变化的意义是西扎对抗"统一"空间性质的有效手段。

多变的地面元素目的并非建立明显的视觉记号，它们是通过脚底轻微的触感变化被人下意识地察觉。这些微妙的反馈形成了一系列独特的身体感受节奏，在人们从居住街区向市中心历史空间的行走过程中建立起层层递进的"虚拟门界"，西扎说："隐形的门界阻碍运动。尽管这里并没有物理阻隔，但每个人都能感受到门界的存在……这些门界是潜在的阻挡或滤网，人们只有在接受特定的现实后才被允许通过……门界为两种身份提供自我证明、等待、对抗、反映和辩护的场所。" [59]

在对教堂遗址的修复 - 改造中，建筑师展现了其在建立模糊的空间定义时运用的更加复杂的操作手法。被拆除的教堂如今仅剩下东部后殿。中殿的三面完全开敞，抹除了原来场所中由教堂建立的建筑与广场、室内与室外间的明确分隔。建筑师进一步强化了这些不确定的空间性质：教堂原有的抬高基础被保留，尽管老旧的底座砖石勾勒出建筑平面的大致轮廓，但它如今已不再是从室外迈入室内需要跨越的界线。中殿均匀水平的地面使它的形式和意义都更接近一个略微升起的广场平台（图 5）。更重要的是，建筑师改变了中殿铺地原来正对祭坛的方向，而采用与正方形小广场几乎一致的材料和对角线的铺设方向。这个变化蕴含着深刻意义，不仅代表了中殿脱离于原有教堂建筑功能所决定的空间秩序，同时充分反映了建筑师有意消解中殿与广场在空间性质上的差别，使它们成为一个新系统中关系平等的两个部分。

59　Álvaro Siza. Textos. Madrid: Abada editores, 2014.

图 4 通向圣母教堂的居民区街道

图 5 从方形小广场望向圣母教堂

圣母教堂改造展示了建筑师介入历史遗迹的清晰逻辑。建筑所有的竖向元素——边缘基础、立柱、后殿和侧室墙体——都得以保留，而承载这些历史残片的水平地面则被全新的材料替代。这不仅展示出新旧材料色泽和材质上的巨大差异，更使教堂在竖直与水平尺度上产生完全对立的讲述——前者铭刻时间印记，而后者则如同突然插入的"时间真空区"。新地面的介入完全断绝了教堂边缘的旧石材、立柱和建筑残存结构重新产生关联的可能（图6）。建筑师在一座建筑之中创造的异质性发展成为圣母教堂对于自我"废墟"身份的主动质疑。精致、完好的中殿地面否认了建筑自然衰败的过程，同时也暗示了曾经"故意的擦除行为"。

对于教堂的残存结构，建筑师打通了之前被封堵的后殿，复原了半个圆顶以及圆顶下方的圣坛与神龛。后殿与侧殿共同组成了一幅巨大的建筑"剖面"，为整个场地提供了统一背景（图7，图8）。中殿的十个柱础和两根立柱展示着曾经的室内空间秩序。然而，这些重现的元素并非以复原历史图像为目的。与历史遗存的对立使更新后的中殿地面成为一个去除物理重量和时间厚度的"轻盈"界面。在这之上的所有物体仿佛都失去了深植于土壤的能力，呈现出一种"被摆放"甚至"漂浮"于表面上的状态。从这点上看，对于"大地"概念的理解和操作体现了西扎与韦内齐亚介入建筑遗址方式的根本区别。不同于后者对"地下世界"隐喻的追求和对建筑与土地连续性的展示，西扎回避这种连续性的形式化表达，他以更加当下的视角看待历史和废墟。新场地对于时间痕迹的剥除激化了自然和人为灾难所导致的时空连续性的断裂现实，由此产生的异样与不和谐感受使人们更加清楚地意识到在这里曾经存在过的时空整体性，以及这种整体性一旦被破坏就无法挽回的事实。

西扎介入历史空间的目的从来都不是考古性恢复或是建构一套历史语境和氛围，他将怀旧情感转化为建构新现实的动机。在他的作品中，历史元素常常经过内容和意义转化，以"外来物"的身份重新进入场所中。对于教堂中殿的改造清晰表达了西扎"创造"一个公共广场而非重现原初空间的意图。建筑原有室内空间的"外化"过程使其中的历史元素从特权空间秩序的制定者转变为公共景观中的视觉焦点。

在场地另一头，紧邻城堡的梯形小广场两端分别放置有一个柱础和一截立

图 6 圣母教堂中殿

图 7 圣母教堂后殿与侧殿

图 8 圣母教堂侧殿

柱残骸。这两个原本属于教堂中殿的构件如今散落在建筑之外，成为曾经灾难的证物。仔细观察便会发现二者的位置与梯形场地轴线并不一致，反而平行于教堂长轴，并与南侧柱列的延长线对齐（图 9）。这条贯穿全场的对位关系不仅使柱础、立柱残骸和建筑之间产生既彼此脱离又相互连接的辩证关系，也使因为铺地和边界的细分而发生分裂的阿莉西亚广场与圣母教堂再次产生关联。尽管如此，这份对于阅读整个场地至关重要的线索并未以明显的方式呈现。刚进入广场的人们或许会质疑这两个石制遗迹的意义和作用，而只有走到场地西侧尽头，无意间朝教堂望去，才可能发觉建筑师在特定视角中隐藏的对于空间构成、历史事件、建筑元素和运动轨迹间关联性的诠释。这种偶然的发现带给访客的震动和喜悦远比言明的讲述更加强烈。

从将中殿转变为室外广场到外移建筑的内部构件，建筑师对于圣母教堂的

图 9 从梯形小广场望向圣母教堂

"外化"操作一方面使整个场地的尺度得到延展，另一方面也激化了对场地东端"内部性"的表达——整个场地仅有的"室内空间"被压缩在幸存的后殿之中。曾经的教堂形象被解构和重组后，作为精神核心的后殿和祭坛重新建构起这座宗教圣所的"建筑"图像。不同于中殿与广场之间全新的阶梯和倾斜的铺石，通向祭坛的古老台阶、后殿地面与教堂轴线一致的铺地都宣告了这里有别于外部空间的建筑属性和空间秩序（图 10）。

通过重组建筑与广场的关系，建筑师建立了一条贯穿萨莱米老城中心充满仪式感的运动路径——从城堡前的狭长空地到仅容 1 人的圣坛之畔（图 11）。残留的立柱提供了曾经教堂中恢弘空间的想象依据，逐渐加快的上升节奏将访客从世俗天地引向精神圣所。这条路径展示了同一空间在不同时期发生的一系列事件，而与此同时，这些历史事件的物质载体之间处于变化和对立的关系又

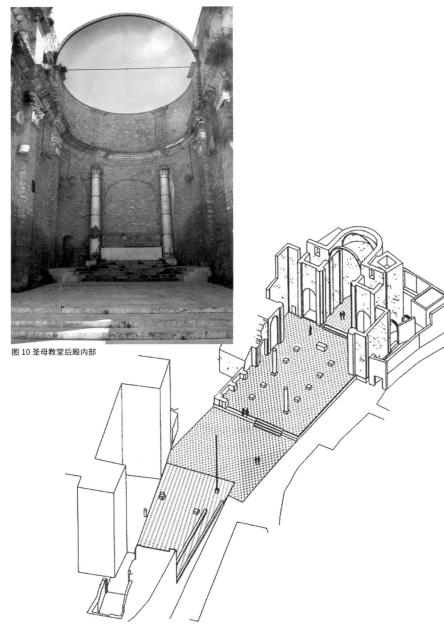

图 10 圣母教堂后殿内部

图 11 圣母教堂及场地修复 - 改造方案轴测图

来源：Francesco Venezia, Mimmo Jodice. Salemi e il suo territorio , Milano: Electa, 1992: 189.

反过来不断动摇着统一秩序的建立。正如建筑师将曾经作为独立整体的圣母教堂分隔成不同的部分并使它们产生全新的关系那样，存在于这个场所中的物质和形式依然处于流逝的时间之中，即处于自身的发展和衰败过程中。从这个意义来看，建筑师向人们展现的是萨莱米古城漫长历史中的一瞬：它不会以确定的方式让自己停滞不前。历史残片由此获得了组成新整体的可能，而在这个过程中，灾难被建筑师用作为产生转变的契机，而非导致终结的原因。

西班牙建筑理论家约瑟夫·蒙塔诺拉（Josep Muntañola）在《作为场所的建筑：建筑认识论初步》中深刻阐释了"场所的逻辑性"这个概念："场所的逻辑性在其自身结构中表达了理智与历史之间的辩证法……作为一种限制，场所比其他所有事物都更多地包含一种理智与历史之间的节奏化的平衡。因为存在于空间（即场所）中的时间总是在其自身结构中反映出时间的来回移动（理智）与逐渐远离原始位置（历史）之间的平衡。场所逻辑性在概念上的可动性与象征性的形式之间达成了和解，并且始终标志着一种人类有能力表现自我存在的尺度。因此，我们才能迈向作为栖居场所的建筑的核心。"[60]

在萨莱米，通过将遗迹重新置入流动的时间中，西扎在保有场所"原始位置"的历史意义同时，也赋予它回忆过去和展望未来的自由。西扎发掘场所逻辑性的能力建立在他对于场地中所有图像的保留基础上。在他的作品中，场地的有效性来自"它是什么，它能成为什么或想成为什么——这些方面有时可能相互对立，但从来都不是无关的"[61]。西扎坚信："存在即重要，任何人都无权从这样的现实中去除什么。"[62] 这种态度可以视为西扎对于他的恩师费尔南多·塔沃拉（Fernando Távora）"囊括一切，不排除任何事物"思想的传承。

西扎总是尽可能保留场地内众多元素"多样"和"对立"的特质。这些特质反过来成为他对抗"稳定"和"统一"空间性质的有效工具。圣母教堂与周

60　Josep Muntañola Thornberg, La arquitectura como lugar: Aspectos preliminares de una epistemología de la arquitectura . Barcelona: Edicions de la Universidad Politécnica de Cataluña, 1996.

61　Álvaro Siza, Kenneth Frampton. Esquissos de viagem = Travel sketches . Porto: Porto Documentos de Arquitectura, 1988.

62　Ch. Rousselot, L. Beaudoin. Entretien avec Alvaro Siza, Architecture, Mouvement, Continuite. AMC (44), 1978.

边场地的修复-改造项目是他使用两种并行设计方法的成果。一方面，场地中已有的元素、地形和历史条件是其设计的基础；另一方面，整个项目展现出一种"不再接受现实和历史约束"的趋势。通过全新地面带来的"截断"效果，通过场所中各个部分之间脱离与连接并存的关系，广场和教堂遗迹实现了一种"时间中立"的状态；但是，这种中立身份绝不意味着遗忘。西扎希望将空间讲述从历史的权威框架中解放出来，他所追求的是让记忆以下意识的、直觉的方式被唤醒，正如他所说："你必须以一种不受强迫的方式让事情自然地发生。"[63]

由此我们可以探知，西扎建立的"场所逻辑性"更接近蒙塔诺拉讲述的"时间性平衡"。西扎从不忽视场所的起源与经历，只是不以明显的手法来形式化表达其间的连续性。在他的作品中，新秩序不是历史的延续，而是作为对场所要求的回应谨慎给予。在萨莱米圣母教堂修复-改造项目所展示的解构旧系统、建构新系统的过程中，界线成为西扎控制场地自我理智与场所历史含义间平衡的重要工具，而界线表达的多重意义和展现的多种形式也使他成功地将一系列抽象的、可感知的情节转变为同一空间在新旧现实之间传递信息的机制。

63   William J. R. Curtis. A Conversation with Alvaro Siza. El Crouis (95), 1995.

第 4 章 "在地"或"离场"

那么，我们应当如何召回那个将建筑重塑为一个至关重要的创造性学科基础（ground）的意义呢？[64]

——肯尼斯·弗兰普顿

1994 年，肯尼斯·弗兰普顿在《找寻大地》（In search of ground）一文中质问当代建筑学应如何抵抗技术科技（techno-science）的席卷力量。题目中"ground"一词的本身含义"大地"及其引申义"基础"构成了颇具深意的自我解释（self explanatory）："大地"构筑的宏观"地形"和"领土"意义在作者看来是重塑建筑学核心的基础条件，被置于"建构"（tectonic）和"类型"（type）之前。大地中特定位置所包含的全部内容构成了建筑学的"场所"概念。场所是人与建筑得以存于世界的先决条件，它决定了人们开展一切活动之前所面对的自然资源和空间状态。建构和类型所对应的技术、形式和内容意义则包含于以场所位置为中心衍生出的一系列生产和文化物之中。弗兰普顿强调的"在地"（in situ）的设计和建造态度将促进场所与其中的人造空间之间建立起连续的意义传输通道。"使建筑与城镇担负起表达场所精神和内容的责任"是建筑学在面对技术科技时能够保持自我核心价值的有效手段。

纵观贝利切河谷震后半个多世纪的建设史，其中的功过成败都可以视作不同思想和设计理念围绕"场所"这个宏大又基本的概念展开博弈的结果。最初由国家机构建立的统一规范的城镇网格本意在于普及一种先进高效的生活模式，却颠覆了古老城镇在漫长演变中形成的私人和公共领土性质，以及这些空间所包含的道德内涵。随后到来的先锋建筑师和艺术家将贝利切河谷带入了一场陌生而激烈的针对功能主义和现代主义设计的批判之中，但在均质化城镇景观中插入的异质空间和抽象、激进的艺术语言更加剧了重建计划与当地社群之间的隔阂。

今天看来，贝利切河谷的灾后复兴更像是以建造的方式尝试实现一种未来的、不确定的视觉和物质想象。除去决策导向外，这说明重建计划在意识和操作层面所面临的困境：当经过数千年积累和发展起来的空间和情感的连续性毁

64　Kenneth Frampton. In search of ground // Ole. Bouman, Roemer van Toorn. The invisible in architecture. New Jersey: John Wiley & Sons, 1994.

于一旦时，当代设计者应该以什么方式进行何种程度的修复？不幸的是，对于灾后的贝利切河谷，无论在哪种想象中，"在地"的意义都未得到充分重视。在不同意识形态的夹击下，计划的真正承受者——古老城镇和其中的居民始终处于被动接受的地位。

贝利切河谷乃至西西里的大部分城镇无法复制现代大都市中多元并置、异质共存的模式。这里单一的经济基础和人口结构决定了连续统一的语境，城镇发展依赖于这种整体系统的惯性。重建计划生产出的"拼贴物"在不同程度上弱化甚至阻断了城镇空间和社群与场地语境之间曾经持久的联系，从而导致与"在地"相反的"离场"效应，与河谷地带中的生产、生活方式无法相容。建设成果不但没有为新的生活模式创造条件，而且在物质形式上就难以持续，因而不可避免地以一种与其内在逻辑相抵触的方式被快速消耗。在追求速度和交通流动性的技术原则中，居民抛弃老城进入棚户区，之后又搬迁到异地建造的新城或与老城临近的新区中。这种强制流动导致的对空间的反复抛弃和遗忘加剧了人们对于领土的陌生感，他们在不确定的空间中难以获得生活上的安全感。

近半个世纪的迁徙历史将重建计划的"离场"效应进一步激化为一种流浪（nomadic）状态。定居点被迫与曾经的家园分离，历史印迹被清除，从而形成难以辨识的空间身份。居民的生活并没有因现代化的住宅、宽阔的马路和各种公共设施而改变，他们仍然要返回农田劳作，尽管田地已与他们居住的花园社区格格不入。激进的城市更新使本该合为一体的"精神家园""生产场所"和"居住空间"相互分离，"故乡"的具体形象也被彻底掩盖。场所意义的断裂所造成的"地形失忆症"（topographic amnesia）[65] 成为重塑贝利切河谷空间语义的连续性以及社群身份认知的永久障碍。

空间与生活中的"离场"和"流浪"状态凸显了贝利切河谷重建后的内在矛盾性：计划的本意是将分散的城镇连接成统一有序的经济带，结果却加剧了彼此的分裂状态。显然这项工作的重点并不在于快速可达的交通网络，因为这些古老的城镇绝不仅仅是路网中无差别的节点，恢复它们对于社群文化和场所精神的生产力才是维持河谷统一历史语境活力的关键。

65　原为医学术语，也称"空间记忆障碍"（spatial memory disorder），指因脑部病变所造成的难以记住曾经熟悉的空间或路线而容易迷路的症状。

贝利切河谷重建工作的结果证明,场所连续性远没有我们想象的那样坚韧。它包含的诸多建立在群体共识上的非物质价值需要依靠实物和空间进行重复地展示和操作,以实现世代之间的延续。正是由于记忆和文化语境对于物质和空间的依赖造就了其自身的脆弱本质。当其物质载体被损毁,或者更糟——被完全改变时,便会失去进行重建的基础。

衰败和发展、遗迹和纪念性建筑、失序和规范,这些互成关系的概念或状态存在于每个城镇发展的不同阶段。贝利切河谷的特殊性在于,在经历重建初期短暂的正向转变后场所陷入了漫长的"退化"中。然而,从某种意义上说,这种退化并非意味着彻底的失败。如果说贝利切河谷最初是依照完美和理性的想象目标进行建设的,那么它未完成和衰落的现状则是以出乎意料和非理性的方式表达了对于强加秩序的拒绝。退化成为对于曾经冒进发展的补偿,那些本当永存的宏伟建筑物却成为临时和脆弱的存在,这样的现实呈现出一种特别的诗意。它来自对完美的质疑,对范式的抗拒,以及通过背离预设目标而实现对于自主性和权力的重新召回。

在重建工作的众多项目中,韦内齐亚和西扎的工作或许是这种未完成物力量的最佳代表,同时也展示出在这片土地上进行建造的一种可能方式。建筑师敏锐地察觉到这里发生的有关连续性的危机。与对历史的忽视或是在"新"与"旧"之间建立明确界限的做法不同,在他们的项目中,遗迹与新建物的分隔被刻意模糊以至难以分辨。尽管两位建筑师的作品具有各异的表达方式和操作手法,但他们都持有一种相似的态度:在场地意义的物质基础遭到破坏且无法恢复的情况下,建筑师至少应在物质和讲述上对于破坏的事实进行真实记录。基于这种信念的建造行为体现出持续深入和连续的历史、领土、建筑空间和记忆等概念,从而创造出一种务实的纪念物类型。

建筑评论家皮埃尔 - 阿兰·克罗塞 (Pierre-Alain Croset) 在《用废墟建造》(*Costruire con le rovine*) 一文中指出,贝利切河谷的现代建设史反映了一个关于文化和范式的道德问题:与所谓的"人类普遍权利和原则"相比,与邻居达成共识、与亲近的人对话、推己及人地认真考虑他人需求要困难得多,但更值得拥有。贝利切河谷的历史道路已经被一场灾难和重建工程彻底改变,这是无法挽回也无需挽回的事实。建立在物质和精神层面上的"纪念"是连接历史

图 1 会议厅《相遇》

铭记和未来发展的唯一办法。

　　最后，我们再回到吉贝利纳新城。孔萨格拉未完成的会议厅《相遇》（Meeting）矗立在"历史中心"轴线的中心位置（图 1）。这座雕塑式建筑的室内楼梯全部被坡道代替。与《星星》一样，它将孔萨格拉对"正面性"的追求扩展为一个个人主义的城市乌托邦片段。它的名字代表了贝利切河谷人民最真挚、朴素的愿望，其超脱于环境的形式似乎在暗示"另一个世界"的存在，而它未完成的状态则与塞杰斯塔山巅的希腊神庙遥相呼应，保有着未曾消退的希望。

　　歌德曾在 1816 年的《意大利游记》（Italienische Reise）中为西西里写下深情的字句："如果没有西西里，意大利将变得暗淡无光：西西里是找寻一切的关键所在。"（Italien ohne Sizilien macht gar kein Bild in der Seele: hier ist erst der Schlüssel zu allem）如果说造就西西里"关键"地位的要素深植于这片从地中海升起的陆地之中，那么贯穿其中的贝利切河谷半个多世纪以来重建与复兴的复杂历史则展示了忽视地域价值而导致的不良后果，其实施过程与衰退现实所呈现的一系列刺目图像将有助于建构面对当今全球化社会与同质文化应有的清醒视角。

后记

　　贝利切河谷的现状显然产生了一种强烈的反衬效果。衰落的新城景象使原生、多元、丰富的田园和历史城镇图景在人们想象中被无限放大，这或许解释了学界和媒体在半个多世纪中对这片土地保有持续兴趣的原因：这种想象对于访客要比对于当地新生代（尽管他们对于家园历史的认知也来自想象）的作用更加强烈。对于去除了历史背景的外来者而言，朝向未来的建设所擅长的去时间性和去中心化表达更容易被辨识，而当地依然存续的历史关联（这往往是微妙的非物质性涉身关联，需要来自世代遗传的、近乎本能的敏感性才能察觉）则容易被忽视。现实的境况与想象的过去被简化为直白且毫无关系的并置图像。这种二元对立构建起的简单标签具有强烈的导向性，也更能激起研究者、批评家和流行媒体的关注。坦白地说，尽管笔者有所意识，这种倾向依然得见于本书。

　　如此看来，除了引发兴趣与讨论之外，本书又多了一项作用：提醒读者防范这种具有诱惑力的观察视角。希望通过对案例的介绍与解读，回溯作品的生成过程，勾勒设计师在创作中所面对的持续变化的社会背景与实际问题，以有助于读者理解一个不断发展和自我调整的贝利切河谷重建历程。如此，在这场庞大且漫长的城镇空间改造之中蕴含的经验教训与历经近半个世纪依然耀眼的成就才能得以共同显现。

1. Mother Church
   主广场
2. Church of Carmine and convent of
   Carmelites
   卡尔米内圣母教堂及加尔默罗会修道院
3. Church of San Francesco and
   convent of Franciscans
   圣方济各教堂及方济各会修道院
4. Church of Santa Maria del Belvedere
   and
   convent of Augustinians
   贝尔弗代雷圣母玛利亚教堂及奥古斯丁会
   修道院
5. Church of Badia
   巴迪亚教堂
6. Church of Gesù e Maria
   圣母子教堂
7. Church of San Giuseppe
   圣约瑟教堂
8. Church of Addolorata
   忧苦之母堂

9. Church of Itria
   伊特里亚教堂
10. Castle
    城堡
11. Matrice square
    矩阵广场
12. Old square (after Garibaldi square)
    老广场（在加里波第广场之后）
13. Market square
    市场广场

0   100米

0 　　100米

1.
市政厅 Municipio
Alberto Samonà, Giuseppe Samonà,
Vittorio Gregotti

2.
广场系统 Sistema delle Piazze
Franco Purini, Laura Thermes

3.
药剂师之家 Casa del Farmacista
Franco Purini, Laura Thermes

7.
洛伦佐宫博物馆 Palazzo di Lorenzo
Francesco Venezia

8.
圣母主教堂 Chiesa Madre
Ludovico Quaroni e Luisa Aversa

9.
斯蒂凡诺之家 Baglio di Stefano
Marcella Aprile, Roberto Collovà,
Teresa La Rocca

13.
住宅楼 -B Edificio residenziale-B
Pierluigi Nicolin

14.
博伊斯广场 Piazza Beuys
Pierluigi Nicolin

15.
植物园 Orto Botanico
Piero Burzotta

19.
特贝市 Città di Tebe
Pietro Consagra

20.
公墓入口门扇 Porte del Cimitero
Pietro Consagra

21.
植物园入口 Porta del Cremlino
Pietro Consagra

25.
生命之轮 Cerchio della vita
Richard Long

26.
联锁机 Macchina ad incastro
Toti Scialoja

27.
印记 Impronta
Turi Simeti

罗之家 Casa Pirrello
co Purini, Laura Thermes

5.
秘密花园 Glardino Segreto
Francesco Venezia

6.
庭院 padiglione
Francesco Venezia

综合体 Complesso parrocchiale
a Vigo

11.
住宅楼 Edifici residenziali
Oswald Mathias Ungers

12.
住宅楼 -A Edificio residenziale-A
Pierluigi Nicolin

剧院 Teatro Frontale
o Consagra

17.
"相遇" 会议中心 Meeting
Pietro Consagra

18.
贝利切之门（星星）
Ingresso al Belìce (Stella)
Pietro Consagra

ris
o Consagra

23.
陶瓷板 Pannelli in ceramica
Pietro Consagra

24.
巨蛇 Serpente
Pier Giulio Montano

的雕塑 Scultura sdraiata
tore Cuschera

29.
紧张局势 Tensioni
Salvatore Messina

30.
通道 Varco
Sten e Lex

31.
道路 Cestnei
Agapito Miniucchi

32.
公民塔 Torre Civica
Alessandro Mendini

33.
喷泉 Fontana
Andrea Cascella

37.
抗震 Pausa sismica
Bigert & Bergstrom

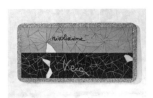

38.
真正的药剂是永恒的
La vera medicina è l'eternità
Bruno Ceccobelli

39.
荣誉节律 Frequenza d'onore
Carlo Ciussi

43.
空间节奏 Ritmi Spaziali
Carmelo Cappello

44.
地中海 Mediterraneo
Cosimo Barna

45.
无限的记忆 L'infinito della memo
Costas Varotsos

49.
日晷和椭圆 Meridiana e Ellittica
Ettore Colla

50.
对立点 Contrappunto
Fausto Melotti

51.
序列 Sequenze
Fausto Melotti

55.
步枪纪念碑
Monumento al carabiniere
Giuseppe Uncini

56.
堕落者的神龛 Sacrario ai caduti
Giuseppe Uncini

57.
陶瓷板 Pannello in ceramica
Hsiao Chin

网 Ragnatela
do Pomodoro

35.
碑 Stele
Arnaldo Pomodoro

36.
犁 Aratro
Arnaldo Pomodoro

克西斯托纪念碑
umento a S.D'Acquisto
La Monica

41.
开始 Primordia rerum
Carlo La Monica

42.
陶瓷板 Pannelli in ceramica
Carla Accardi

Reinassance
el Spoerri

47.
箭头表示箭头的阴影 La freccia indica
l'ombra di una freccia
Emilio Isgrò

48.
载月船 Portatore del carico di lune
Enzo Cucchi

Ascoltare
anni Albanese

53.
动物界大船难十二
Animalia grandi naufraghi XII
Giampaolo Di Cocco

54.
雕塑 Scultura
Giuseppe Spagnulo

表 Tavolo dell'alleanza
Legnaghi

59.
地震频率 Ritmi sismici
Igino Legnaghi

60.
陶瓷板 Pannello in ceramica
Ignazio Moncada

221

61.
陶瓷板 Pannello in ceramica
Khaled Ben Sliamane

62.
85 号大空间 Grande Area 85
Marcello De Filippo

63.
词的空间 Lo spazio della parola
Marco Nereo Rotelli

67.
太阳神庙 Il tempio del sole
Mimmo Di Cesare

68.
马 Cavallo
Mimmo Paladino

69.
盐山 Montagna di Sale
Mimmo Paladino

73.
拟人的痕迹 Tracce antropomorfe
Nanda Vigo

74.
拟人的痕迹（拱门）
Tracce antropomorfe (Arco)
Nanda Vigo

75.
迷宫 Labirinto
Nino Franchina

79.
吉贝利纳广场 Piazza per Gibellina
Paolo Schiavocampo

80.
双螺旋 Spirale doppia
Paolo Schiavocam

刊纳 Per Gibellina
taccioli

65.
卡拉特，天空之路
Qalat, le rotte del cielo
Medhat Shafik

66.
毁灭模块 Modulo di distruzione
Milton Machado

城 Città del sole
Rotella

71.
向坎帕内拉致敬
Omaggio a T. Campanella
Mimmo Rotella

72.
石棺 Sarcofago
Mirko

ntana
stica

77.
布景 Scenografia
Nunzio Di Stefano

78.
风之信 Segnale del vento
Onhair